3D電腦動畫理論

楊錫彬　著

五南圖書出版有限公司

自序

「藝術作品的創作是建立在理論之上或是建立在理論之下」。相信多數者持著不同看法與想法，舉例來說，「一件很普通、很平凡的作品，經由創作者解析，從創作動機背景、理念、原理基礎、學理架構等等……，解說得頭頭是道、有條有理、有根有據，令眾人嘖嘖稱讚」，這是他的口才好嗎？「另一件作品很有水準及水平的程度，但經由創作者不到30秒的時間就解析不下去」。這是他的口才不好嗎？再假設，將這兩位創作者對調，那情況將會如何呢？因此，我想表達的是「實務與理論是並重的、是平行的、是對等的、是息息相關的」，更是目前教育當局及各大學院校所在推動落實「實務與理論並重」的產學雙軌政策。這是動機之一。

各種類型的軟體，肯定每年升級或是改版。所以，我經常閒逛於各大書局，認識新的工具與吸收操作方法。軟體的升級對於學習者以及使用者在工具上、使用上絕對有莫大助益，這固然是一件好事，但也漸漸在技術層面上造成愈來愈薄弱的趨勢，因此，在技術層面的問題已經在科技的進步中獲得最大的改善。然而，我常閒逛於書局之中，所見到有關「3D動畫」的書籍，絕大多數是工具書籍，極少見到有相關理論性或是原理性的「3D動畫」書籍。這是動機之二。

從事教職工作已十餘年，大部分教授軟體爲主，經過多年授課經驗的累積，經驗讓我豁然驚覺，學生只是在技術層面獲得如何使用工具及運用功能，卻不知如何舉一反三。我常常對學生說，軟體只是一項輔助你在創造作品當中的工具，它絕對不是一項藝術的創作，它是給予你在創作過程中提高你的效率、強化及美化你的藝術作品。因此，必須加強理論性方面能力的提升，才能夠創造出一件優秀的作品。這是動機之三。

不論是藝術家的創作或是學者專家的研究，首先，一定要有動機背景，最後才能完成一件作品或研究論文。所以根據三個動機背景給我很大的動力，於是我編寫了這本「3D電腦動畫理論」，涵蓋範圍從3D動畫概念、基本原理、構成要素到學理基礎及圖形學概念等等……。能夠對於學習者或從事者在「3D動畫」

技術層面之外，還能在理論性的相關知識上也獲得相輔相成的效果，達到這本理論書籍的貢獻與最佳價值。

本書若有不足之處，敬請各界先進見諒，小弟才學疏淺，多包涵、多指正，本人期待各界先進不吝給予指教與批評，小弟將感激萬分。

楊錫彬筆
於中國文化大學
2014／12／06

目錄

第五章　3D電腦動畫學理

第六章　動畫電影的敘事性

第七章　3D電腦繪圖未來趨勢

第八章　邁向嶄新的新立體視覺時代

第一章　緒論

第一節　3D動畫基本概述

在現今的科技社會中，「3D動畫」是無人不知，無人不曉的新藝術產物，它是結合美術、音樂、雕塑、電影、戲劇、文學、設計、媒體、科技等全方位的數位藝術。3D動畫（3D Animation）是運用電腦繪圖軟體技術製作而成，因此又稱之3D電腦動畫（3D Computer Animation），亦可稱爲三維動畫（Three-dimensional animation），是一門綜合藝術性表現形式。隨著科技發展及電腦軟硬體技術的成熟而產生的一種新興技術，而在3D動畫軟體於電腦中首先建立一個虛擬的世界，動畫師在這個虛擬的三維（Y、X、N）世界中按照要表現的對象之形狀、尺寸，建立模型以及場景，再根據設定模型的運動軌跡、虛擬攝影機的運動和其他動畫設定參數等等……，最後依照要求爲模型賦上特定的材質，並打上燈光。當這一切完成後就可以讓電腦軟體自動運算，產生最後的動態畫面。

3D動畫技術比擬眞實物體的模式，使其成爲一個有用的工具，而創造出一種獨特並有藝術形式的視覺特點，由於其精確性、眞實性和無限的可操作性，更被廣泛應用於醫學、教育、軍事、娛樂等諸多領域。尤其在影視廣告製作方面，這項新技術能夠給人耳目一新的感覺，因此受到了衆多客戶的歡迎，3D動畫廣泛用於廣告和電影電視劇的特效製作（如爆炸、煙霧、下雨、光效等）、特技（撞車、變形、虛幻場景或角色等）、廣告產品展示、片頭等等……。

3D動畫所涉及到的影視特效創意、前期拍攝、3D影視動畫、特效後期合成、影視劇特效動畫等，隨著電腦在影視領域的延伸和製作軟體技術的強化，三維數位影像技術大大拓寬了實景拍攝的影視效果範圍，其不受地點、天氣、人員等因素的限制，在成本上也相對於實景拍攝節省很多，製作在有電腦、影視、美術、電影、音樂等相關專業人士的合作，3D影視動畫才能從影視特效到3D場景都能表現的淋漓盡致。

現代電腦動畫採用不同的技術來產生動畫，最常見的是，透過複雜的數學操作3D多邊形，再加上紋理、光照和其他效果，最後才是完整的影像。複雜的圖形化介面被用來製作動畫並編排它的動態效果，另外構造實體幾何的技術是用來定義物體，使得動畫在任何解析度上都能精確產生。而矩形的每個角由三個數值定義，稱爲X，Y，Z坐標。X是點在左右方向的原點，Y是上下方向的距離，而Z是沿垂直螢幕的方向（依次序爲X，Y，Z）。電腦動畫（Computer Animation），是透過使用電腦製作動畫的技術，它是電腦圖形學和動畫的子領域，近年來愈來愈多的動畫師藉助於3D電腦圖形學，縱使是2D電腦圖形學也仍然被廣泛的使用。有時動畫最後播放的地方就是電腦本身，有時候則是另外的媒體，譬如電視、電影、廣告CF等等……。爲了製造運動的影像，畫面顯示在電腦螢幕上，然後很快被一幅和前面的畫面相似，但移動了一些的新畫面所代替，這個技術和電視及電影製造移動的假象原理是一樣的。

我們要了解3D動畫的形成過程，必須進一步知道爲何會有導演、原畫以及動畫的分別，在最初的動畫製作中，並沒有原畫這個名詞的概念，大部分動畫師通常獨立完成製作。但隨著時代的變遷發展，自然而然的，在3D動畫片製作是需要團隊的分工合作，很顯然地3D動畫製作被細分化了，讓很多不同的專業人士參與製作，無形中產生所謂原畫師、動畫師、導演等等的其他職稱。而原畫是動畫製作中的一部分，也就是根據動畫片的劇情，繪製影片中人物動作及表情的草圖，因此，原畫在3D動畫製作中是最原始也最爲重要的環節，這點和電影藝術中的演員相同，所以原畫就是動畫片中的演員。在動畫片的製作中，原畫的好壞是直接決定一部動畫片的品質，所以從事動畫相關工作者，尤其是原畫師必須去了解動畫的基本科學原理及物理原理。

第二節　3D動畫發展前景

3D動畫產業是目前最夯的熱門產業，也可稱謂CG產業（Computer Graphics的縮寫）。的確，做3D動畫是很有前途的，我們綜觀3D動畫的發展歷程，相信在未來，3D動畫將進入千家萬戶，不再是大電影廠和專業影視製作公司所能壟斷。這幾年做3D動畫和學3D動畫的人是日益增多的，3D動畫平臺的趨勢也是由高端過渡到低端，不再需要幾十萬的工作站，一般家庭電腦就可以做出很專業的3D動畫作品。國內電影業不景氣，加上外國大片的衝擊，我們要如何有效率地提升國人的創作、製作水準和規範製作的準則，是擺在我們面前不容輕視的課題。

3D動畫作為電腦美術的一個分支，是建立在動畫藝術和電腦軟硬體技術發展基礎上而形成的一種相對的獨立新型的藝術表現形式。早期主要應用於軍事領域，直到70年代後期，隨著PC電腦的出現，電腦圖形學才逐步拓展到平面設計、服裝設計、建築景觀等領域。80年代，隨著電腦軟硬體的進一步發展，電腦圖形處理技術的應用得到了空前的發展，電腦美術做為一個獨立學科而眞正開始走上了突飛猛進的發展之路。運用電腦圖形技術製作動畫的探索開始於80年代初期，當時3D動畫的製作主要是在一些大型的工作站上完成的，在DOS作業系統下的PC機上，3D Studio軟體處於絕對的壟斷地位。到了1994年，微軟推出Windows作業系統，並將工作站上的Softimage移植到PC機上，1995年，Win95出現，3DS出現了超強升級版本3DS Max 1.0。尤其在1998年時，3D Maya的出現可以說是3D發展史上創新的里程碑。一個個超強工具的出現，也推展著3D動畫應用領域不斷的拓寬與發展，從建築、影視廣告、片頭、MTV、電視節目，直到全數位化電影的製作，在各類動畫當中，最有魅力並動用最廣的應該屬於3D動畫。而2D動畫可以看成3D動畫的一個分支，3D動畫軟體功能愈來愈強大，操作起來也是愈來愈容易，這使得3D動畫有更廣泛的運用，畢竟我們的世界是立體的，只有3D動畫才讓我們感到更眞實。

今天，電腦的功能愈來愈強大，以至於我們不僅可以看到地方電視臺的節目包裝及廣告中充滿電腦動畫特技，更有不少電腦愛好者在自已的個人電腦上玩起了動畫製作。1995年，由迪士尼發行的《玩具總動員》上映，這部純3D動畫製作的卡通片取得了巨大的成功，3D動畫迅速取代傳統動畫：夢工廠發行的《螞蟻雄兵》、《史瑞克》等3D動畫片，也獲得了巨大的商業成功。3D動畫在電影中的運用更是神乎其技！可以說電影已經離不開3D動畫的參與了！在現今3D動畫的運用可以說是無處不在，包含網頁、建築效果圖、建築瀏覽、影視片頭、MTV、電視節目、電影、科研、電腦遊戲等等……。

第三節　3D動畫應用領域

3D動畫，從簡單的幾何體模型如一般產品展示、藝術品展示，到複雜的人物模型；3D動畫從靜態到動態、複雜的場景如3D動漫、3D動畫虛擬城市，角色動畫等等……。所有這一切，動畫都能依靠強大的技術實力一一實現。隨著電腦三維影像技術的不斷發展，三維圖形技術愈來愈被人們所看重，因爲3D動畫比平面圖更直觀，更能給觀賞者以身臨其境的感覺，尤其適用於那些尚未實現或準備實施的項目，使觀者提前領略實施後的精彩結果。

一、影視動畫

影視3D動畫所涉及到的影視特效創意、前期拍攝、特效後期合成、影視劇特效動畫等，隨著電腦在影視領域的延伸和製作軟體技術的增強，三維數位影像技術擴展了影視拍攝的局限性，在視覺效果上彌補了拍攝的不足，在一定程度上電腦製作的費用遠比實拍所產生的費用要來的低，同時能爲劇組因預算費用、外景地天氣、季節變化而節省時間及經費。

二、廣告動畫

在動畫廣告影片當中有一些畫面，有的是純動畫的，也有實拍和動畫結合的，因此，3D動畫更是廣告普遍採用的一種表現模式，在表現一些實拍無法完成的畫面效果時，就要用到動畫來完成或兩者結合，我們所看到的廣告，從製作的角度來看，幾乎都或多或少地運用到動畫。致力於三維數位技術在廣告動畫領域的應用和延伸，將最新的技術和最好的創意在廣告中得到應用，各行各業廣告的傳播將創造更多的價值，數位化時代的到來，將深刻地影響著廣告的製作模式和廣告發展的趨勢。

相對於實拍廣告，3D動畫廣告特點如下：

（一）能夠完成實拍不能完成的鏡頭。

（二）製作不受天氣季節等因素影響。

（三）實拍有危險性的鏡頭可透過3D動畫完成。

（四）製作周期相對較長。

（五）對製作人員的技術要求較高。

（六）無法重現的鏡頭可透過3D動畫來類比完成。

（七）能夠對所表現的產品達到美化作用。

（八）可修改性較強，質量要求更容易受到控制，實拍成本過高的鏡頭可透過3D動畫實現以降低成本。

（九）3D動畫廣告的製作成本與製作的複雜程度和所要求的眞實程度成正比，並呈指數增長。

畫面表現力沒有攝影設備的物理限制，可以將3D動畫虛擬世界中的攝影機看作是理想的電影攝影機，而製作人員相當於導演、攝影師、燈光師、美工、場記，其最終畫面效果的好壞與否僅取決於製作人員的水準、經驗和藝術修養，以及3D動畫軟體及硬體的技術效能。

3D動畫技術雖然入門門檻較低，但要精通並熟練運用卻需多年不懈的努力，同時還要隨著軟體的發展不斷學習新的技術，它在所有影視廣告製作形式中技術含量是最高的。由於3D動畫技術的複雜性，就算是最優秀的3D動畫師也不大可能精通3D動畫的所有技術層面。

3D動畫製作是藝術和技術緊密結合的，在製作過程中，一方面要在技術上充分展現廣告創意的要求，另一方面，還要在畫面色調、構圖、明暗、鏡頭運鏡設計、節奏掌握等方面進行藝術性的再創造。這與平面設計相比，3D動畫多了時間和空間的概念，但它也需要借鏡平面設計的一些基礎法則，但更必須根據影視藝術的規律來進行創作。

三、角色動畫

角色動畫製作涉及到的有：3D遊戲角色動畫、電影角色動畫、廣告角色動畫、人物動畫等……。電腦角色動畫製作一般必須經過以下步驟完成：

（一）根據創意腳本進行分鏡表，繪製出畫面分鏡表運動，作爲3D動畫製作的藍圖基礎。

（二）在3D中建立故事的場景、角色、道具的簡單模型。

（三）3D簡單模型根據腳本和分鏡故事表製作出3D動畫的分鏡表。

（四）角色模型、3D場景、3D道具模型在3D動畫軟體中進行模型的精確製作。

（五）根據腳本設計3D模型進行色彩、系列紋理、質感等設定的工作。

（六）根據故事情節分析，對3D中需要動畫的模型（主要爲角色）進行動畫前的一些動作設定。

（七）根據分鏡故事表的鏡頭和時間給角色或其他需要活動的對象製作出每個鏡頭的動畫。

（八）對動畫場景進行燈光的設定來渲染氣氛。

（九）動畫特效設定。

（十）後期製作將配音、背景音樂、音效、字幕和動畫等等合成，最後完成3D動畫片製作。

四、虛擬實境

虛擬實境是由米隆．克魯格（虛擬實境之父）於1970年提出，（又稱虛擬現實，Virtual Reality）乃是運用電腦仿眞科技產生一個三度空間的虛擬世界，可以提供衆人如同眞實世界中關於視覺、聽覺、觸覺的模擬，衆人可以和這個空間的事物進行互動，可以隨自己的意志移動，並具有融入感與參與感。虛擬實境的基本原理是利用電腦與其他特殊硬體設備（如顯像式頭盔、3D音響、遊戲裝置等……）及信息軟體仿眞三度空間環境，讓衆人在此虛擬世界與電腦互動，而自由控制彷彿身歷其境般。虛擬實境的最大特點在於能讓衆人有身臨其境的感覺，即使這個電腦所產生的虛擬世界在現實中並不存在。

虛擬實境，英文名爲Virtual Reality，簡稱VR技術，也稱人工環境，應用於旅遊、房地產、大廈、別墅公寓、景點展示、觀光遊覽、酒店飯店、賓館餐飲、園林景觀、公園展覽展示、博物館，地下鐵、機場、車站、碼頭等行業項目展示、宣傳。虛擬實境的最大特點是觀衆可以與虛擬環境進行人機交互，將被動式觀看變成更逼眞地體驗互動。

五、類比動畫

透過動畫類比，例如製作生產過程、交通安全演示動畫（類比交通事故過程）、能源轉換利用過程、水處理過程、水利生產輸送過程、電力生產輸送過程、化學實驗過程、植物生長過程、施工過程等演示動畫製作。

六、產品展示動畫

透過動畫的模式展示想要達到的預期效果，例如在數位城市建設中，在各個領域的應用是不同的，那麼如何將形象向參觀者介紹數位城市的成果呢？那就需要製作3D動畫，透過動畫的表現形式還原現實的情況，從而讓參觀者更加直觀的了解數位城市的成果。產品動畫涉及有：工業產品如汽車動畫、3D汽車設計、飛機動畫、輪船動畫、火車動畫、艦艇動畫、飛船動畫；電子產品如手機動畫、醫療器械動畫、監測儀器儀表動畫、治安防盜設備動畫；機械產品動畫如機械零部件動畫；產品生產過程動畫如產品生產流程、生產工藝等3D動畫製作。

七、景觀動畫

園林景觀3D動畫是將園林規畫建設方案，利用3D動畫表現的一種方案演示模式，其效果眞實、立體、生動，是傳統效果圖所無法比擬的。園林景觀動畫將傳統的規畫方案，從紙上演變到電腦中，眞實還原了一個虛擬的園林景觀。動畫在三維技術製作大量植物模型上有了一定的技術突破和製作方法，使得用3D軟體製作出的植物更加眞實生動，動畫在植物種類上也累積了大量的數據資料，使得園林景觀植物動畫如虎添翼。

八、建築設計動畫

3D技術在建築領域是最廣泛的應用，早期的建築動畫因爲3D技術上的限制和創意製作上的困境，製作出的建築動畫就是簡單的建築動畫，但隨著3D技術的提升與創作手法的多元化，建築動畫從腳本創作到精致的模型製作，到後期的電影剪輯手法，以及原創音樂音效，情感式的表現方法，製作出的建築動畫綜合水準是愈來愈高，建築動畫費用也比以前降低了許多。

第四節　3D影視類實務作業流程

對於在3D實務製作上是具有創造性與挑戰性，在創意層面或技術層面上是複雜性相當高的作業，但是也要靠豐富經驗的累積以及講求團隊合作的精神，才能達到最高效率及最高品質的成品，所以一部完整影視3D動畫的製作總體上可分為前期製作、動畫片段製作與後期合成等三大部分：

一、前期製作

是指在製作前，針對動畫片進行的規畫與設計，主要包括：劇本創作、分鏡腳本創作、形式表現設計、場景設計：

（一）劇本創作：是動畫片的基礎，要求將文字敘述成視覺化，就是將劇本所描述的內容可以用畫面來表現，動畫片的劇本形式是多樣化的，如神話、科幻、民間故事等……，要求內容健康、積極向上、思路清晰、邏輯合理。

（二）分鏡腳本：是把文字進一步視覺化的重要步驟，是導演根據劇本進行的再創作，實現導演的創作和藝術風格，分鏡腳本的架構：圖像加文字，表達的內容包括鏡頭的類別和運動、構圖和光影、運動模式和時間、音樂與音效等。其中每個圖畫代表一個鏡頭，文字用於說明鏡頭長度、人物臺詞及動作等內容。

（三）形式表現設計：包括人物形式、動物形式、物品形式等設計，設計內容包括角色的外型設計與動作設計，形式表現設計的要求比較嚴格，包括標準形式、轉面圖、架構圖、比例圖、道具服裝分解圖等……，透過角色的典型動作設計或帶有情緒的角色動作肢體呈現角色的性格和典型動作，並且附以文字說明來實現，並要突出角色特徵，運動合乎規律。

（四）場景設計：是整個動畫片中景物和環境的來源，比較嚴謹的場景設計包括平面圖、架構分解圖、色彩氣氛圖等，通常用一幅圖畫來表達。

二、動畫片段製作

是依據前期的設計，在電腦中透過相關製作軟體製作出動畫片段，製作流程爲建模、材質、燈光、動畫、攝影機控制、渲染等……，這是3D動畫的製作特色：

（一）建模：動畫師依據前期的形式設計，透過3D建模軟體在電腦中繪製出角色模型，這是3D動畫中最繁重的一項工作，需要出場的角色和場景中出現的物體都要建模。建模的靈魂是創意，核心是構思，源泉是美術素養。通常使用較普遍的軟體有3D Max、3D Maya等……。建模常見模式有：多邊形建模——把複雜的模型用一個小三角面或四邊形組接在一起呈現；曲線建模——用幾何圖形曲線共同定義一個光滑的曲面，特性是平滑過渡性，不會產生陡邊或皺紋，因此非常適合有機物體或角色的建模和動畫；細分建模——結合多邊形建模與曲線建模的優點，開發的建模模式。建模不在於精確性，而在於藝術性。

（二）材質貼圖：材質即材料的質感，就是把模型賦予生動的表面特性，具體實現物體的顏色、透明度、反光度、反光強度、自發光及粗糙程度等特性上。貼圖是指把二維圖片透過軟體的計算貼到三維模型上，形成表面細節和架構，對具體的圖片要貼到特定的位置，3D軟體使用了貼圖坐標的概念，完成材質貼圖。一般而言有平面、柱體和球體等貼圖模式，分別對應於不同的需求。但要特別注意的是，模型的材質貼圖要與現實生活中的對象屬性是一致性的，這非常重要。

（三）燈光：目的是最大限度的類比自然界光線類型和人工光線類型。在3D軟體中的燈光一般有反光燈（如太陽、蠟燭等四面發射光線的光源）和方向燈（如探照燈、電筒等有照明方向的光源），燈光是有照明場景、投射陰影及增添氛圍的作用。通常採用三光源設定法：一個主燈，一個補燈和一個背燈。主燈是基本光源，其亮度最高，主燈決定光線的方向，角色的陰影主要由主燈產生，通常放在正面的四分之三處，即角色正面左邊或右面45度處。補燈的作用是柔和主燈產生的陰影，特別是面部區域，常放置在靠近攝影機的位置。背燈的作用是加強主體角色及顯現其輪廓，使主體角色從背景中突顯出來，背景燈通常放置在背面的四分之三處。

（四）攝影機控制：攝影原理在3D動畫軟體中是扮演相當重要的工具技術，使用攝影機工具來實現分鏡腳本設計的鏡頭效果。畫面的穩定、流暢是使用攝影機的第一要素，攝影機功能只有情節需要才使用，不是任何時候都使用，攝影機的位置變化也能使畫面產生動態效果。

（五）動畫：是根據分鏡腳本與動作設計，運用已設計的形式在3D動畫製作軟體中製作出一個個動畫片段。動作與畫面的變化透過關鍵影格來實現，設定動畫的主要畫面爲關鍵影格，關鍵影格之間的過渡由電腦來完成。3D軟體大都將動畫訊息以動畫曲線來表示，動畫曲線的橫軸是時間，豎軸是動畫值，可以從動畫曲線上看出動畫設定的快慢急緩、上下跳躍。3D動畫的動是一門技術，其中人物說話的口型變化、喜怒哀樂的表情、走路動作等，都要符合自然規律，製作要盡可能細膩、逼眞，因此動畫師要專門研究各種事物的運動規律。如果需要，可參考聲音的變化來製作動畫，如根據講話的聲音製作講話的口型變化，使動作與聲音協調。對於人的動作變化，系統提供了骨骼工具，透過蒙皮技術，將模型與骨骼綁定，易產生合乎人的運動規律的動作。

（六）渲染：根據場景的設定、賦予物體的材質和貼圖、燈光等，由程式繪出一幅完整的畫面或一段動畫。3D動畫必須渲染才能輸出，形式的最終目的是得到靜態或動畫效果圖，而這些都需要渲染才能完成。渲染是由渲染器完成，渲染器有線掃描模式（Line-scan）、光線跟蹤模式（Ray-tracing）以及輻射度渲染模式（Radiosity如Lightscape渲染軟體）等……，其渲染質量依次遞增，但所需時間也相應增加。

三、後期合成

最後，影視3D動畫的後期合成，主要是將之前所做的動畫片段、聲音等素材，按照分鏡腳本的設計，透過非線性編輯軟體的編輯，最終產生成動畫影視檔案。

3D動畫的製作是以多媒體電腦爲工具，綜合文學、美工美學、動力學、電影藝術等多學科的產物。所以實際操作中要求團隊合作，大膽創新、不斷完善，反映人們的需求。

第五節　動畫的分類

一、動畫分類

「維」是一個幾何學和空間理論的基本概念，是構成空間的每一個要素，例如長度、寬度、高度稱之爲「維」。二維空間是指由長度和寬度（在幾何圖學中爲X軸和Y軸）兩個要素所組成的平面空間；三度空間是指由長度、寬度和高度（在幾何圖學中爲X軸、Y軸和Z軸）三個要素所組成的立體空間。

我們平時所謂的「二維動畫」與「三維動畫」指的是動畫的創作空間，按照在製作過程中攝影機或者虛擬攝影機是否可以任意進行旋轉來畫分二維動畫和三維動畫。二維動畫包括傳統手繪動畫、二維軟體繪製的動畫和平面材料動畫，而三維動畫包括立體材料動畫和三維軟體製作的動畫。對於二維動畫與三維動畫的定義並沒有一個明確的結論，由於現有的動畫播放形式都是在一個平面或者曲面上進行投射的，沒有使用眞正意義的三維顯示技術播放。

隨著電腦技術的普及，愈來愈多的動畫使用電腦技術來進行製作，製作軟體的種類衆多。例如三維動畫軟體主要包括3D Maya、3D Max等……。二維動畫和三維動畫除了按照在製作過程中攝錄影機或者虛擬攝錄影機是否可以任意進行旋轉的區別外，主流的二維動畫（不包括平面材料動畫）和三維動畫（不包括立體材料動畫）還有以下幾點主要區別：

（一）製作流程不同

1. 二維動畫：編寫劇本→角色和場景設定→色彩設計及色彩指定→設計分鏡腳本→前期配音→製作分鏡圖→繪製設計稿→背景繪製→繪製原畫→繪製動畫→著色→製作特效→塡寫攝影表→拍攝→配音配樂→最終輸出。

2. 三維動畫：編寫劇本→角色和場景設定→設計分鏡腳本→前期配音→製作分鏡圖→製作模型→繪製貼圖→設定材質燈光→製作動畫→製作特效→材質燈

光調整→分層渲染輸出→後期合成→配音配樂→最終輸出。

（二）製作效率不同

1. 二維動畫：因爲二維動畫不需要製作模型、繪製貼圖和設定材質燈光，製作相對較少，但是後續的製作工作需要人工完成。因此，二維動畫製作動畫短片效率較高，製作動畫長片的周期較長。

2. 三維動畫：因爲三維動畫需要製作模型、繪製貼圖和設定材質燈光，製作相對較多，但是動畫產生和鏡頭輸出由電腦根據人工設定的參數自動生成。因此，製作動畫長片效率較高，製作動畫長片的周期較短。

（三）場景和角色的處理模式不同

由於圖形生成模式的不同而造成的。

1. 二維動畫：由於二維手繪動畫製作透視變化效果時很難應用在場景上，透過以角色的透視變化來豐富畫面，因此場景繪製的色彩層次豐富，角色只有明暗兩種色彩層次。

2. 三維動畫：由於使用電腦技術的3D動畫軟體可以自動計算出發生透視變化的效果，因此場景和角色的色彩層次都可以很豐富。

（四）對質感的表現程度不同

1. 二維動畫：很難表現出眞實的質感，尤其是金屬、玻璃、液體等質感的反射和直射效果的層次變化，特別是在這些物體運動的時候。

2. 三維動畫：可以表現出所有能夠想像出來的質感，所有的效果可以透過材質球實現，電腦會自動計算出運動效果。

二、動畫製作階段

動畫製作是非常繁瑣而吃重的工作，分工極爲細致，通常分爲前期製作、中期製作以及後期製作等。前期製作又包括了企畫、作品設定、資金募集等……；執行製作包括了分鏡、原畫、建模、材質貼圖、動畫、上色、背景作畫、攝影、配音、錄音等……；後期製作包括剪接、特效、字幕、合成、試映等……。

如今的動畫，有了電腦的加入，使動畫的製作變簡單了，而對於不同的人，動畫的創作過程和方法可能有所不同，但其基本規律是一致的。動畫的製作過程可以分爲總體規畫、設計製作、具體創作和拍攝製作四個階段：

（一）總體設計階段

1. 劇本：任何影片生產的第一步都是創作劇本，但動畫片的劇本與眞人劇情片的劇本有很大的不同。一般影片中的對話，對演員是很重要的，而在動畫影片中則應盡可能避免複雜的對話，在這裡最重要的是用畫面表現視覺動作，最好的動畫其中是沒有對話，而是由視覺創作激發人們的想像。

2. 分鏡圖：是根據劇本，導演要繪製出類似連環畫的故事草圖（分鏡腳本），將劇本描述的動作表現出來。分鏡圖有若干片段組成，每一片段由系列場景組成，一個場景被限定在某一地點和一組人物內，而場景又可以分爲一系列被視爲圖片單位的鏡頭，由此構造出一部動畫片的整體架構。分鏡圖在繪製各個分鏡頭的同時，作爲其內容的動作、旁白的時間、攝影指示、畫面連接等都要有相應的說明。

3. 攝製表：這是導演編製整個影片製作的進度規畫表，以指導動畫創作及集合各方專業人員統一協調地工作。

（二）設計製作階段

1. 設計：設計工作是在分鏡圖的基礎之上，確定背景、前景及道具的形式和形狀，完成場景環境和背景圖的設計和製作。另外，還要對人物或其他角色進行形式設計，並繪製出每個形式的幾個不同角度的標準圖畫，以供其他動畫人員參考。

2. 音樂：在動畫製作時，因爲動作必須與音樂配合，所以音樂錄音不得不在動畫製作之前進行。錄音完成後，編輯人員還要把記錄的聲音精確地分解到每一幅畫面位置上，如第幾秒（或第幾畫面）開始說話，說話持續多久等等……，最後要把全部音樂歷程（即音軌）分解到每一畫面位置與聲音對應的條表，以供動畫人員參考。

（三）具體創作階段

1. 原畫創作：原畫創作是由動畫設計師繪製出動畫的一些關鍵畫面。通常是一個設計師只負責一個固定的人物或其他角色。

2. 中間插畫製作：中間插畫是指兩個重要位置或框架圖之間的圖畫，一般就是兩張原畫之間的一幅畫。助理動畫師製作一幅中間畫，其餘美術人員再內插繪製角色動作的連接畫，在各原畫之間追加的內插連續動作的畫，要符合指定的動作時間，才能表現得接近自然動作。

（四）拍攝製作階段

這個階段是動畫製作的重要組成部分，任何表現畫面上的細節都將在此製作出來，可以說是決定動畫質量的關鍵步驟（但另一個內容的設計就是劇本）。

第二章　3D電腦圖形學概念

第一節　電腦影像原理

影像是一種視覺符號，透過專業設計的圖像，可以發展人與人溝通的視覺語言，也可以是了解族群文化與歷史源流的史料。世界美術史中大量的平面繪畫、立體雕塑與建築，也可視爲人類從古至今文明發展的圖像文化資產。影像分析（image analysis）和影像處理（image processing）關聯密切，兩者有一定程度的交叉，但是又有所不同。影像處理側重於訊號處理方面的研究，比如影像對比度的調節、影像編碼以及各種濾波的研究。但是影像分析重點在於研究影像的內容，包括不局限於使用影像處理的各種技術，它更傾向於對影像內容的分析、解釋、和識別。因而，影像分析和電腦科學領域中的模式識別、電腦視覺關聯更爲密切。

一、影像類型

（一）二維圖形

二維電腦圖形是以電腦爲基礎的數位影像，大多來自二維模型，例如二維集合模型、文字和數位影像，具體由它的技術所區分。二維電腦圖形最初主要用於傳統的印刷和繪畫技術的應用程式，例如：排版、地圖、工程製圖、廣告等行業等等……，在這些應用程式中，二維影像不僅是眞實世界物體的表現，而是添加了語意値的獨立人工製品，所以二維模型是首選，因爲它比電腦三維圖形能更直接的控制。

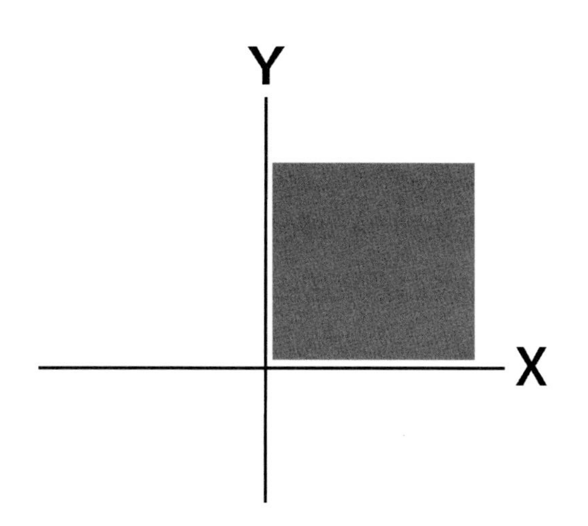

圖2-1 二維是指Y軸與X軸，也就是指長與寬。

（二）三維圖形

電腦三維圖形通常被稱爲三維模型，除了渲染圖形以外，模型還包含在圖形資料檔案之中。一個三維模型是任何三維物體的精確呈現，但一個模型除非被直觀地顯示出來，否則嚴格來說還不是圖形。但是由於有三維列印技術，三維模型並不局限於虛擬空間。模型透過一個名爲三維渲染的過程，可以用二維影像直觀地顯示出來，或用於非圖形化的電腦模擬和計算。有專門的三維電腦圖形軟體給使用者建立三維影像。

再者，三維圖形對比二維圖形來說，是指使用三維的幾何圖形描繪的儲存在電腦中，爲了進行計算和渲染爲目的的二維影像，這些影像會在之後顯示或即時檢視。儘管存在差異，三維電腦圖形仍舊依賴於多種二維圖形演算法，如在圖形線框模型中使用二維電腦向量圖形，在最後渲染顯示中使用二維電腦點陣圖形。在電腦圖形軟體中，二維和三維之間的區別偶爾會模糊，二維應用程式可能會使用三維技術實作例如光照等效果。

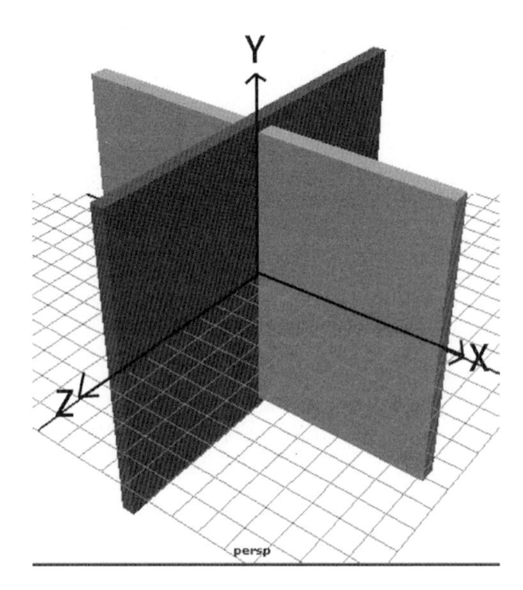

圖2-2　三維是指Y軸與X軸及Z軸，也就是指長與寬及高。

（三）像素畫

像素畫是一種數位藝術的表現形式，透過使用點陣圖形軟體，以像素級來編輯圖片，在很多（或相對有限）的電腦遊戲、電子遊戲、電腦繪圖遊戲和許多手機遊戲中使用的圖形，通常都是像素畫。

（四）向量圖形與點陣圖形

向量圖形格式與點陣圖形格式是互補的，點陣圖形是由大量像素構成，通常代表的是攝影的影像。而向量圖形使用形狀和顏色的編碼資料構成影像，在渲染方面可以更靈活。當使用向量圖形時，最好使用向量工具與格式；當使用點陣圖形時，最好使用點陣工具與格式，有時兩種圖形會同時使用。了解每種技術的優點和局限以及它們之間的關聯，可以在使用工具時能更好的使用和有更高的效率。

（五）電腦動畫

電腦動畫是透過電腦軟體創造的移動影像藝術，它是電腦圖形和動畫的子域。雖然二維電腦圖形因爲風格化、低頻寬要求、但便於高速及即時渲染，而被廣泛地使用在電腦動畫中（如：Flash動畫），但愈來愈多的動畫使用三維電腦圖形製作，有時動畫的播放媒體是電腦本身，但有時則是其他的媒體，例如電影。它也被稱爲電腦生成影像（CGI，Computer-generated imagery），特別是在電影中使用時。

虛擬實體可以自制，並被儲存在物件變換矩陣中的變換值（包括：位置、方向和大小）等屬性所控制。動畫的屬性隨時間推移而改變，動畫有很多種實作的方法，基本的方法是基於關鍵影格的創作和編輯，每個關鍵影格儲存是獨立賦予的時間值，播放關鍵影格成爲動畫。也可以使用二維或三維圖形軟體在兩個關鍵影格間插値，建立一個對映値隨時間推移的可編輯曲線，最終生產成動畫。其他動畫的實作方法，包括程式動畫和基於運算式的技術：前者將動畫實體的互動元素集中成爲屬性集，用於建立粒子系統效果和群組模擬；後者允許從使用者定義的邏輯運算式返回評估結果，再加上數學計算，以可預見的方式（除建立骨骼系統提供的等級外便於控制骨骼行爲）自動生成動畫。爲了創造運動錯覺，顯示在電腦顯示器上的影像很快速的被新移動影像所替代，這種技術與電視和電影上使用的運動錯覺是相同的。

二、影像立體渲染

在電腦圖形學當中，渲染是指利用電腦程式，依照模型生成影像的過程，其中，模型是採用嚴格定義的語言或資料結構而對於3D物件的一種描述，這種模型之中一般都會含有幾何學、視角、紋理、照明以及陰影（shading）方面的訊息，渲染所產生的影像則是一種數位影像或點陣圖（又稱光柵圖）。「渲染」一詞是對藝術家渲染畫面場景的一種類比，另外，渲染還用於描述最後的視訊輸出而在視訊編輯檔案之中計算效果的過程。

影像立體渲染（Volume rendering），又稱爲立體繪製，是一種用於顯示離散三維採樣數據的二維投影的技術。一個典型的三維數據是CT或者MRI採集的一組二維切面圖像，通常這些數據是按照一定規則如每毫米一個切面，並且通常有一定數目的圖像像素，這是一個常見的立體晶格的例子。爲了渲染三維數據的二維投影，首先需要定義相對於幾何體的空間位置，另外，需要定義每個點（體素）的不透明性以及顏色，這通常使用RGBA（red, green, blue, alpha）傳遞函數定義每個體素可能值對應的RGBA值。通過幾何體中等值的曲面並且將它們作爲多邊形進行渲染，或者直接將立體作爲數據進行渲染，這兩種方法都可以使幾何體可見。重要的渲染技術方法包括：

（一）直接體渲染

直接立體渲染要求每個採樣值都必須映射到對應的不透明性以及顏色，這是通過一個「傳遞函數」實現的，這個傳遞函數可能是簡單的斜面、也可能是分段線性函數或這是任意的圖格。一旦轉換到RGBA值之後，對應的RGBA結果就會映射到影格緩衝中對應的像素。然而渲染技術的不同做法也有所不同，使用多種技術的組合也是可行的，例如去除扭曲的實現，可以用紋理在螢幕外的緩存中繪製排列好的片段。

（二）體光線投射

投影圖像最簡單的方法就是立體光線投射，在這種方法中，每個圖像點都產生對應的光線，例如一個簡單的電話機模型而言，光線從電話機（通常是眼睛位置）中心開始投射，經過電話機與需要渲染的立體之間的假象平面上的圖像，光線在立體的邊界進行剪切以節約處理時間，然後在整個立體空間上按照一定規則對光線進行採樣。在每個採樣點數據進行插值計算，經過傳遞函數變換成RGBA

採樣值，這個採樣添加到光線的RGBA數據集中，然後重複這個過程直到光線抵達立體內部。RGBA顏色轉換到RGB顏色並且放到對應的圖像像素上，螢幕上的每個像素都重複這個過程直到形成完整的圖像。

（三）紋理投射

許多三維圖形系統都透過紋理投射，將圖像、紋理用於幾何物體，一般所用PC的圖形處理卡處理紋理非常快速並且能夠高效地渲染三維立體切片，並且具有實質的交互能力。這些切片可以根據幾何體進行排列然後按照創作者的角度進行渲染，也可以根據觀察平面進行排列，然後從立體中未經排列的切片進行採樣，對於這種技術來說，需要圖形硬體支持三維紋理處理。立體排列紋理的方式能夠產生合理的圖像品質，但是當立體旋轉的時候經常會產生明顯的過渡。根據視角排列紋理的方式，可以得到類似於光線投射的高質量圖像，並且採樣圖案也是相同的。

（四）硬體加速體渲染

像素著色器（pixel shaders）能夠隨機地讀寫紋理內存，並且執行一些基本的算術與邏輯計算，這些現在稱為GPU的單指令流多數據流處理器。pixel shaders現在能夠作為多指令流多數據流處理器使用，並能獨立進行分支切換，能使用高達48個以上並行處理單元，並且能夠使用高達1GB以上的紋理內存以及high bit depth數位格式。透過這樣的能力，理論上立體光線投射或者CT重建這樣的演算法都能夠得到極大的加速。

第二節　三維空間建構

一、三維空間概念

大約在公元300年，古希臘數學家歐幾里得建立空間中距離之間聯繫的法則，現在稱爲歐幾里得幾何理論。歐幾里得首先發明了處理平面上二維物體的「平面幾何」，他接著分析三維物體的「立體幾何」。這些數學空間可以被擴展來應用於任何有限維度，而這種空間叫做n維歐幾里得空間。

（一）3D立體空間

3D空間（也稱爲三度空間，三次元、三維），在日常生活中是指由長、寬、高三個維度所構成的空間，而且在日常生活中使用的「3D空間」一詞，常常是指3D的歐幾里得空間。三維空間是指我們所處的空間，可以理解的是，有前後、上下、左右等環境，如果再把時間當作一種物質存在的話，再加上時間就是四維空間了。有一位專家曾打過一個比方：讓我們先假設一些生活在二維空間的扁片人，他們只有平面概念。假如要將一個二維扁片人關起來，只用線在他四周畫一個圈即可，這樣一來，在二維空間的範圍內，他無論如何也走不出這個圈，我們只需從第三個方向，將二維扁片人從圈中取出，再放回二維空間的其他地方即可。在我們看來，這是一件簡單的事，但在二維扁片人的眼裡，卻無疑是不可思議的：一個人明明被關在圈內，怎麼會忽然消失不見，然後就出現在另一個地方！對我們這些三維人而言，四維空間的情況就與上述解釋十分類似。如果我們能克服四維空間，那麼，在瞬間跨越三維空間的距離也不是不可能。

所謂三維，按照大衆理論來講，只是人規定的互相垂直的三個方向，用這個三維坐標，看起來可以把整個世界任意一點的位置確定下來。0維是一點，1維是線，2維是一個長和寬（或曲線）面積，3維是2維加上高度形成體積面，4維是3維加入時間的進階體積面。

圖2-3 點、線、面、體是構成模型的基本要素。

以下爲總歸納爲「維」空間的代表意義：
一度空間是：「點」。
二度空間是：「線」。
三度空間是：「面」。
四度空間是：「體」。
五度空間是動態的空間叫：「速度」。
六度空間因動產生磨擦而生：「溫度」。
七度空間因溫度產生熱至爆炸而生：「電」。
八度空間因電而產生：「聲光」。
九度空間因聲光而產生：「波動磁場」。
十度空間是屬於：「心靈」的空間，也是最高層次的空間。

（二）電腦三維動畫

三維動畫是近年來及未來新興的電腦藝術，發展趨勢非常迅速，已經在許多行業得到了廣泛的應用。所謂三維動畫，就是利用電腦進行動畫的設計與創作，而產生眞實的立體場景與3D動畫。

根據人的視覺暫留原理，如果許多動作連貫的單張圖像以至少每秒24格的速度播放，我們就認爲這些圖像是連續、活動的。一般說來，傳統的手工動畫製作要完成一分鐘的動畫製作，就得手工繪製1,140張以上的圖片；一般人根本無法參與這樣的動畫製作。而借助於一臺普通的電腦，就可以使每個人都能擁有屬於自己的個人動畫工作室，使每個人都能享受到自己動手做動畫的樂趣，同時使每個人都有了充分展示自己的才華、創意，進行創作性的機會，因此電腦動畫製作受到了廣泛的歡迎。三維動畫的製作過程非常具有挑戰性與趣味性，進行三維動畫的創作可以培育人的空間構想能力，開發思維，激發人們的想像力。可以說是一種全新的藝術。沒有美術基礎，缺乏創意的人可以做一些寫實作品（例如專門從事模型的製作），而美術基礎好、富有創造性的人可以創造出更好、更具藝術效果的作品。

二、三維建構模型

三維模型是物體的三維多邊形表示，通常用電腦或者其他影片設備進行顯示。顯示的物體可以是現實世界的實體，也可以是虛構的東西，既可以小到原子，也可以大到很大的尺寸，因此，任何物理自然界存在的東西都可以用三維模型表示。

三維模型經常用於三維建模工具或軟體產生，但是也可以用其他方法製作，例如三維模型可以手工產生，也可以按照一定的演算法產生。儘管通常按照虛擬的方式存在於電腦或者電腦文件中，但是在紙上描述的類似模型也可以認爲是三維模型。

實際上，三維模型的應用早用於個人電腦三維圖形上，許多電腦遊戲使用預先渲染的三維模型圖像作爲明暗描繪（shaded）再用於電腦進行渲染作業。現在，三維模型已經用於各種不同的領域，在醫療行業使用它們製作器官的精確模型；電影行業將它們用於活動的人物、物體以及現實電影；電腦遊戲產業將它們作爲電腦與電腦遊戲中的資源；在科學領域將它們作爲化合物的精確模型；建築業將它們用來展示提案的建築物或者風景表現；工程界將它們用於設計新設備、交通工具、結構以及其他應用領域；在最近幾十年，地球科學領域開始構建三維地質模型。

三維模型本身是不可見的，可以根據簡單的線框在不同細節層次渲染的或者用不同方法進行明暗描繪（shaded）。但是，許多三維模型使用紋理進行覆蓋，將紋理排列放到三維模型上的過程稱作紋理投射。紋理就是一個圖像，但是它可以讓模型更加細緻並且看起來更加眞實。例如，一個人的三維模型如果帶有皮膚與服裝的紋理那麼看起來就會比簡單的單色模型或者是線框模型更加眞實。除了紋理之外，其他一些效果也可以用於三維模型以增加眞實感，例如可以調整曲面法線以實現它們的照亮效果，一些曲面可以使用凸凹紋理投射的方法以及其他一些立體渲染的技巧。

三維模型經常被做成動畫，例如，在故事片電影中大量的應用三維模型，可以在三維建模工具中使用或者單獨使用。爲了容易形成動畫，通常在模型中加入一些額外的數據，例如，一些人類或者動物的三維模型中有完整的骨骼系統，這樣運動時看起來會更加眞實，並且可以透過關節與骨骼控制運動。

第三節　電腦圖形學可視化

可視化是指用於創建圖形、圖像或動畫，以便交流溝通訊息的任何技術和方法。

一、知識可視化

我們進一步地來解析「知識可視化」指可以用來構建、傳達和表示複雜知識的圖形圖像手段，除了傳達事實信息之外，知識可視化的目標還在於傳輸人類的知識，並幫助他人正確地重構、記憶和應用知識。知識可視化形式的例子包括素描、圖示、圖像、互動式可視化等等……，應用於可視化以及故事之中所採用的想像可視化。在至少兩個人之間傳遞知識時，對於各種視覺呈現形式和手段的運用，是意旨在互補性地藉助於電腦和非電腦的可視化方法，來改善知識的傳播。信息可視化集中關注的是利用電腦支持的工具和手段來實現新的深入認識，而知識可視化則重於在群體當中傳播人們的深入認識以及產生新的知識。知識可視化並不僅僅在於傳播事實，而且還旨意在運用各種各樣彼此互補的可視化手段和方法，進一步傳播深入認識、經驗、態度、價值、期望、視角、主張。

在信息技術條件下，知識可視化有了新的突破：製作工具愈來愈多，製作方法更爲簡易，表現形式更爲多樣，知識可視化在教育中也逐步應用起來，並且範圍更加廣泛。知識可視化作爲學習工具，改變認知方式，促進有意義學習，知識可視化作爲教育理念，促進教師進行反思，輔助教學設計。知識可視化以圖形設計、認知科學等爲基礎，與視覺表徵有著密切關聯，視覺表徵是知識可視化構成的關鍵因素。如概念圖是基於有意義學習理論提出的圖形化知識表徵；知識語義圖以圖形的方式揭示概念及概念之間的關係，形成層次結構；因果圖是以個體建構理論爲基礎而提出的圖形化知識表徵技術。知識可視化是通過視覺表徵形式促進知識的傳播與創新，無論是知識可視化設計還是應用，視覺表徵都是這個過程中的關鍵部分。因此，知識可視化的價值實現有賴於它的視覺表徵形式。

二、信息可視化

信息可視化（Information visualization）是一個跨學科領域，意旨在研究大規模非數值型信息資源的視覺呈現，如軟體系統之中衆多的文件或者一行的程序代碼，以及利用圖形、圖像方面的技術與方法，幫助人們理解和分析數據。與科學可視化相比，信息可視化則重於抽象數據集，如非結構化文本或者高維空間當中的點，這些點並不具有固有的二維或三維幾何結構。

可以認爲，信息可視化這個術語囊括了數據可視化、信息圖形、知識可視化、科學可視化以及視覺設計方面的所有發展與進步，在這種層次上，如果加以充分適當的組織整理，任何事物都是此類信息，例如表格、圖形、地圖，甚至包括無論其是靜態的還是動態的，都將爲我們提供某種方式或手段，從而讓我們能夠洞察其中的究竟，找出問題的答案，發現形形色色的關係，或許還能讓我們理解在其他形式的情況下不易發覺的事情。不過，如今在科學技術研究領域，信息可視化這個術語則一般適用於大規模非數字型信息資源的可視化表達。

在18世紀後期數據圖形學誕生以來，抽象信息的視覺表達手段一直被人們用來揭示數據及其他隱匿模式的奧祕。20世紀90年代期間新近問世的圖形化界面，則使得人們能夠直接與可視化的信息之間進行交互，從而造就和帶動了十多年來的信息可視化研究。信息可視化試圖通過利用人類的視覺能力，來搞清抽象信息的意思，從而加強人類的認知活動。信息可視化的英文術語「Information Visualization」是由斯圖爾特．卡德、約克．麥金利和喬治．羅伯遜於1989年創造出來的。據斯圖爾特．卡德1999年的報告稱，20世紀90年代以來才興起的信息可視化領域，實際上源自其他幾個領域。2003年，本．什內德曼指出，該領域已經由研究領域之中從稍微不同的方向上嶄露出頭角。同時，他還提到了圖形學、視覺設計、電腦科學以及人機交互，以及新近出現的心理學和商業方法。

三、科學視覺化

科學視覺化較重於利用電腦圖形學來建立視覺影像，從而幫助人們理解那些採取錯綜複雜而又往往規模龐大的數位呈現形式的科學概念或結果。科學視覺化（scientific visualization）是科學之中的一個跨學科研究與應用領域，主要關注的是3D現象的視覺化，如建築學、氣象學、醫學或生物學方面的各種領域。重點在於對體、面以及光源等等的逼眞渲染，或許甚至還包括某種動態（時間）成分。

（一）源由

科學的視覺化與科學本身一樣歷史悠久，傳說，阿基米德被害時正在沙子上繪製幾何圖形，就像其中包含等值線（isolines）的地磁圖（magnetic charts）以及表示海上主要風向的箭頭圖那樣，天象圖（astronomical charts）。在很久以前，人們就已經理解了視知覺在理解資料方面的作用，做爲一個利用電腦手段的學科，科學視覺化領域如今依然還屬於新事物，其發端於美國國家科學基金會1987年關於「科學計算領域之中的視覺化」的報告。

1. 1980年代：基礎的奠定

科學視覺化的起源可以追溯到眞空管電腦時代，並與電腦圖形學的發展齊頭並進。當時，研究人員所做的是對科學現象的動態情況加以建模，而好萊塢則開始注重那些讓各種事物看起來華麗繽紛的演算法。1980年代中期，當高效能計算技術造就了人們對於分析、發現及通訊手段更高需求的時候，形式與功能才結合一起。形形色色的感測器和超級電腦模擬爲人們提供了數量如此龐大的資料，以致人們不得不求助於新的，遠爲精密複雜的視覺化演算法和工具。

2. 1990年代：學科的興起

1990年代初期，先後出現了許多不同的科學視覺化方法和手段。

(1) 丹尼爾．塔爾曼（1990）將科學視覺化稱爲數值模擬（numerical simulation）領域的新方法。科學視覺化所集中關注的是幾何圖形、動畫和渲染以及在自然科學和醫學方面的具體感應。

(2) 1991年，埃德．弗格森把「科學視覺化」定義爲一種方法學，即科學視覺化是「一門多學科性的方法學，其利用的是很大程度上相互獨立而又彼此不斷趨向融合的諸多領域，包括電腦圖形學、影像處理、電腦視覺、電腦輔助設計、訊號處理以及使用者介面研究。其中特有的坐標就是作爲科學計算與科學洞察之間的一種催化劑而發揮作用。爲滿足那些日益增長的，對於處理極其活躍而又非常密集的資料來源（data sources）的需求，科學視覺化應運而生」。

(3) 1992年，布羅迪提出，科學視覺化所關心的就是透過對於資料和訊息的探索和研究，從而獲得對於這些資料的理解和洞察，這也正是許多科學調查研究工作的基本目的。爲此，科學視覺化對電腦圖形學、使用者介面方法學、影像處理、系統設計以及訊號處理領域等方面加以利用。

(4) 1994年，克利福德．皮寇弗總結認爲，科學視覺化將電腦圖形學應用於科學資料（scientific data），目的在實作深入洞察，檢驗假說以及對科學資料加以全面闡釋。

（二）發展

目前，《大英百科全書》依舊把科學視覺化作爲電腦圖形學的組成部分。這部百科全書利用圖片和動畫的形式來展現對於各種科學事件的模擬，如恆星的誕生、龍捲風的演變等等⋯⋯。最近，2007年召開的ACM SIGGRAPH科學視覺化研討會，就科學視覺化的原理和應用展開了教育培訓活動。其中，所介紹的基本概念包括視覺化、人類知覺、科學方法以及關於資料的方面，如資料的採集、分類、儲存和檢索（retrieval）。他們已經能確定的視覺化技術方法包括2D、3D

以及多維視覺化技術方法，如色彩變換（color transformations）、高維資料集符號（glyphs）、氣體和液體訊息視覺化、立體渲染、等值線（isolines）和等值面（isosurfaces）、著色、顆粒跟蹤、動畫、虛擬環境（virtual environments）技術以及互動式駕駛（interactive steering）。進一步延伸的主題則包括互動技術、視覺化系統與工具、視覺化方面的美學問題，而相關主題則包括數學方法、電腦圖形學以及通用的電腦科學。

第三章　3D電腦動畫基本原理

第一節　創建3D電腦圖形

眾所皆知，3D電腦圖形（3D Computer Graphics）是電腦和特殊3D軟體幫助下創造的作品，一般來講，該術語可代表創造這些圖形的過程，或者3D電腦圖形技術的研究領域及其相關技術。3D電腦圖形和2D電腦圖形的不同之處在於電腦記憶體儲存了幾何資料的3D，用於計算和繪製最終的2D影像。一般來講，3D電腦圖形為準備幾何資料的3D建模藝術和雕塑影像，而2D電腦圖形的藝術和繪畫相似。但是，3D電腦圖形依賴於很多2D電腦圖形的相同演算法，電腦圖形軟體中，該區別有時很模糊，有些2D應用程式使用3D技術來達到特定效果，譬如燈光；而有些主要用於3D的應用程式採用2D的視覺技術。2D圖形可以看作3D圖形的子集。因此，建立3D電腦圖形的過程可以分為以下幾個基本階段：

一、實體物件繪製

把物體的表示（例如球體的中點坐標和它的表面上的一個點所表示的球體），轉換到一個多邊形表示的過程，稱為剖分（tesselation）（如圖3-1）。該步驟用於基於多邊形的繪製，其中物件從球體、圓錐體等等這樣抽象的表示「體素」，分解成為所謂「網格」，它是互相連線的四角形的網路。四角網格比較流行，因為它們易於採用掃描線繪製進行繪製。多邊形表示不是所有繪製技術都是必須的，而在這些情況下，從抽象表示到繪製出的場景的轉換不包括剖分步驟。

我們使用繪製軟體可以來模擬例如鏡頭光暈、景深或者運動模糊這樣的視覺效果，這些技術視圖模擬鏡頭和人眼的光學特性所造成的視覺現象，這些技術可以增加場景的眞實程度，雖然該效果可能只是鏡頭的人造模擬現象，但是為了模擬其他自然發生效應的各種技術而被發展出來，例如光和不同形式物質的相互作用，這些技術的例子包括粒子系統（可以模擬雨、煙或者火）、體採樣

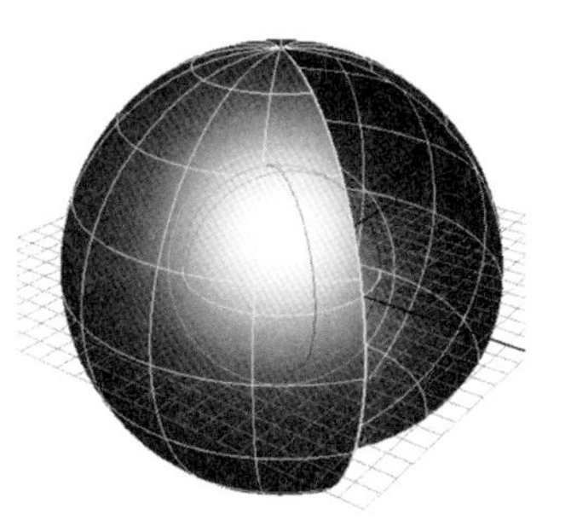
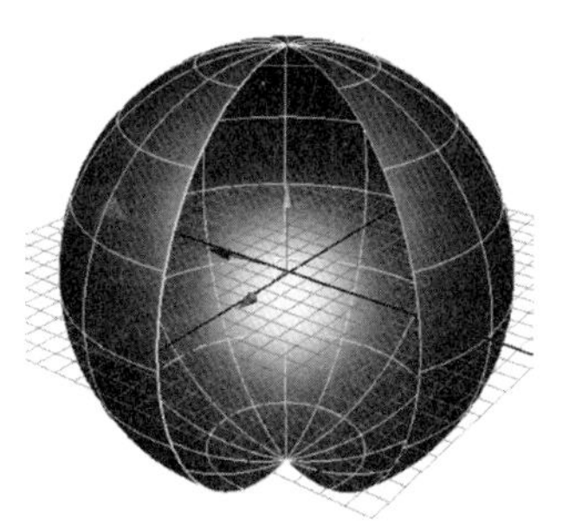
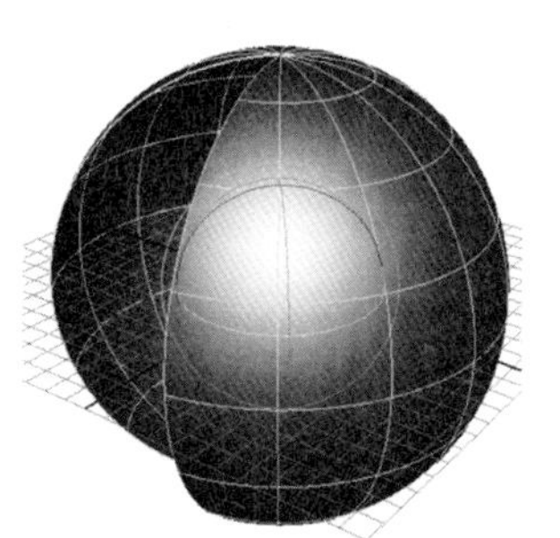

圖3-1　球體剖分。

（用於模擬霧、塵或者其他空間大氣效果）、焦散效果（用於模擬光被不均勻折射性質的表面所聚焦的現象，例如游泳池底部的光的漣漪），還有次表面散射（subsurface scattering）（用於模擬光在人的皮膚這樣的實體物件內部反射的現象）。

最後的作品經常會需要達到眞實感圖形品質，要達到這個目的，很多不同和專門的繪製技術被發展出來。這些技術的範圍包括相當具眞實感的線框模型繪製技術，到基於多邊形的繪製，甚至到更高階的技術。

而渲染是從準備的場景建立實際的2D景象或動畫的最後階段，這可以和現實世界中在布景完成後的影像或攝製場景的過程相比，用於遊戲或模擬程式的互動式媒體繪製，這需要即時計算和顯示。非即時繪製使得有限的計算能力得以放大以獲得高品質的畫面，複雜場景的單影格之繪製速度可能從幾秒到一個小時或者更多，繪製完成的影格儲存在硬碟，然後可能轉錄到其他媒介，例如電影膠捲或者光碟，然後這些影格以高影格率播放，通常爲每秒24或30影格，以達成運動的假象。

繪製過程計算上很昂貴，特別是所模擬的物理過程複雜且多樣時，但電腦的處理能力在逐年上升，使得眞實感繪製的品質漸進提高。但是，硬體費用的下降使得在家庭電腦系統上也能完成少量的3D動畫的可能性極高。繪製系統經常包含在3D軟體包中，但是有一些繪製系統作爲流行3D應用程式的外掛模組使用。

這些繪製系統包括Final-Render、Brazil r/s、V-Ray、Mental Ray、POV-Ray，和Pixar Renderman。這些繪製程式的輸出經常用於最終電影場景的一小部分。很多材料的層次可以分別繪製，然後採用合成軟體整合到最終的畫面中。

二、模型塑型

在模型階段可以描述為「確定後面場景所要使用物件的形狀」的過程，有很多建模技術，包括：構造實體幾何、NURBS建模、多邊形建模、細分曲面、隱函式曲面等等……。建模過程包括編輯物體表面或材料性質、增加紋理、凹凸對映和其他特徵。建模也可能包括各種和準備動畫的3D模型相關的各式動態。物件可能用一個骨架撐起來，一個物體的中央框架，它可以影響一個物件的形狀或運動。這個對動畫的構造過程很有幫助，骨架的運動自動決定模型相關的部分，例如正運動動畫和逆運動動畫。在這個階段，模型也可以給予特定的控制，使得運動的控制更為簡便和直觀。

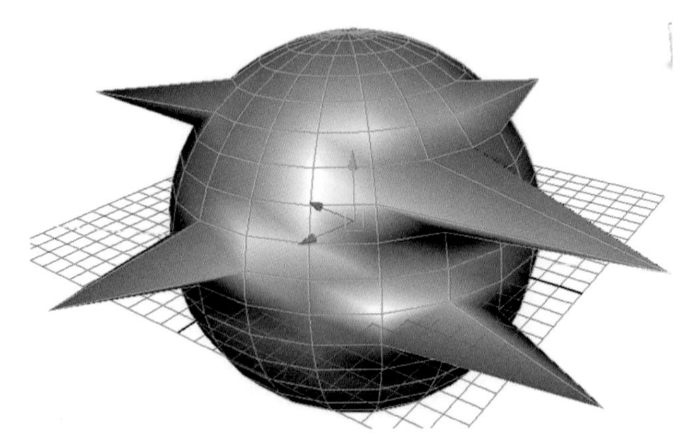

圖3-2　利用點的編輯模式。

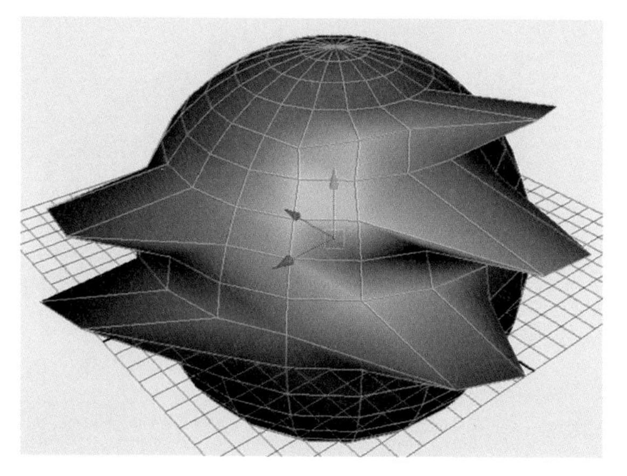

圖3-3　利用線的編輯模式。

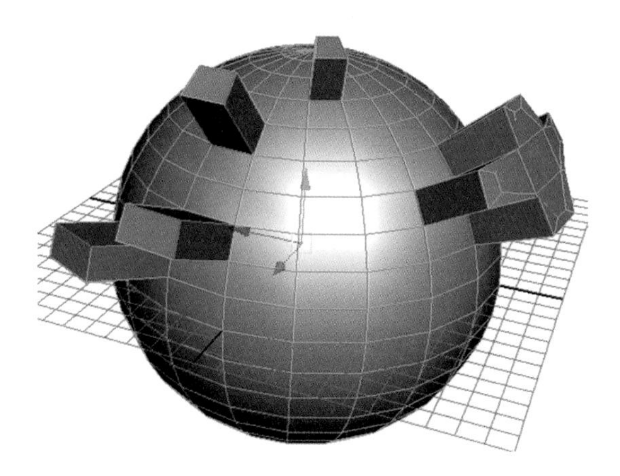

圖3-4　利用面的編輯模式。

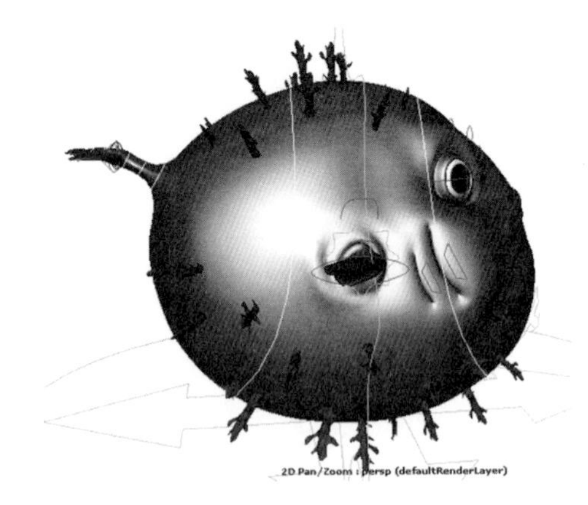

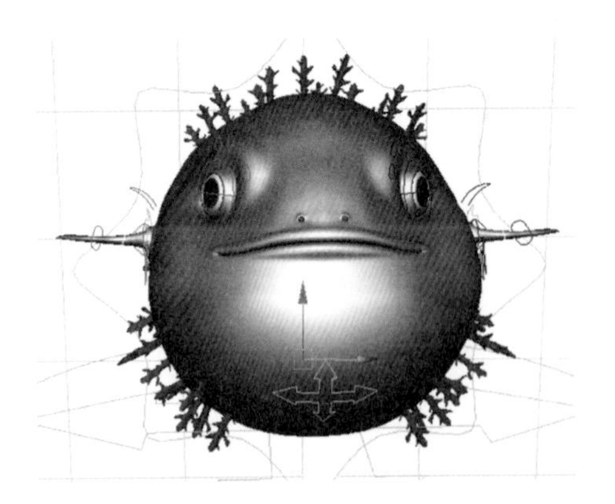

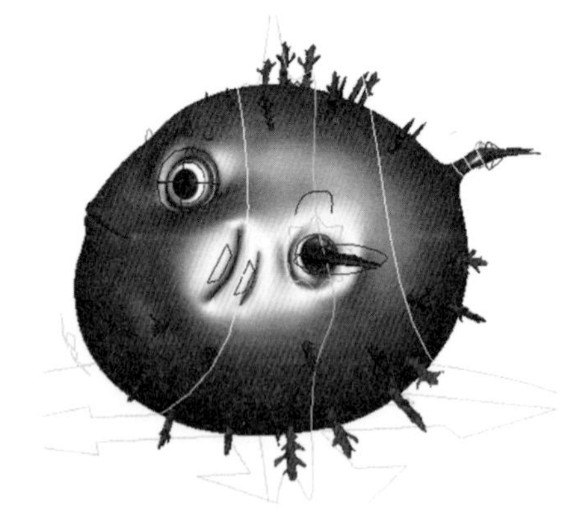

圖3-5　利用點、線、面的編輯模式塑形河豚。

三、場景布局

「場景」是指現代動畫場景也是影視動畫角色活動與表演的場合與環境。這個場合與環境既有單個鏡頭空間與景物的設計，也包含多個相連鏡頭所形成的時間要素。動畫藝術是時間與空間的藝術，是影視藝術的一個分支，動畫場景的設計，無不打上影視藝術的烙印。在傳統手繪動畫藝術中，角色的表演場合與環境通常是手工繪製在平面的畫紙上，拍攝鏡頭時將所畫好的畫稿襯在繪有角色原畫、動畫的畫稿全面進行拍攝合成，所以人們又習慣性地將繪有角色表演場合與環境的畫面稱爲「場景」。但隨著現代影視動畫技術的發展，通過電腦製作的動畫角色的表演場合與環境，無論在空間效果、製作技術、設計意識和創作理念上，都更加趨向於從二維的平面走向三維的空間與四維的時間探索，更加關注對時間與空間的設計與塑造。

在渲染成圖像之前，模型必須放置在一個場景中，這定義了模型的位置和大小，場景設定涉及到安排一個場景內的虛擬物體、燈光、攝影機和其他實體，它將被用於製作一個靜態畫面或一段動畫。而燈光是場景中一個重要的部分，就像在實際場景時一樣，光照是最終作品的審美和視覺品質的關鍵因素之一。因此，它是一項很難掌握的藝術，光照因素可以對一個場景的氛圍和情緒反應作出重大貢獻，這是爲攝影師和舞臺燈光師所熟悉的事實。

四、反射與明暗模型

現今3D電腦圖形嚴重的依賴於一個簡化的反射模型稱爲Phong反射模型，它和Phong明暗圖是完全不同的主題，不能混淆二者。在光的折射中，有一個重要的概念稱爲「折射率」。在多數3D軟體實作中，該值「index of refraction」（折射率）通常簡寫爲「IOR」。3D電腦圖形中流行的反射繪製技術包括：

（一）平直著色（Flat shading）：使用多邊形的法線向量和位置以及光源的位置和強度對於物體的每一個多邊形給出一個明暗值的技術。

（二）Gouraud著色：一個快速基於頂點和光源的關聯的著色技術，用於模擬光滑著色的曲面。

（三）紋理對映：透過把影像（紋理）對投射到多邊形上來模擬曲面的大量細節的技術。

（四）Phong著色：用於模擬光滑著色曲面的鏡面反射高光效果。

（五）凸凹紋理對映：用法線向量技術模擬帶褶皺的曲面。

（六）Cel著色：用於模擬手繪動畫觀感的一種技術。

第二節　3D電腦動畫原理

一、動畫物理原理

動畫的原理基本上是依據視覺暫留（Persistence of vision）的原理，均是透過圖像的連續性顯示所產生的視覺效果，於是動畫的基本特性在於時間的累積，所以一般稱爲格（frame）來作爲時間的單位，在動畫中的每一格都是單獨拍攝的，因此每部動畫都得拍攝上千上萬格的畫面，動畫是以時間爲基準，每秒播出24格畫面，在臺灣採用NTSC系統，播放速度爲每秒29.97格畫面，但不論是以何種媒體播放，動畫是憑藉視覺而產生畫面的動作，其原理卻是不變的。在《動畫的基礎認識》一書中提及：「人的眼睛所看見的物體，其影像被投射在視網膜上，而視網膜的感光細胞會辨出這個影像的亮度與顏色，轉成神經傳達到腦，人的視覺便由此產生，當物體被移動後，視網膜上的感光細胞依然會持續發出訊號一段時間，使大腦以爲物體仍在原處，這個時間大約是十六分之一秒，這稱爲正片影像。若此時另一個影像進入視網膜，只與前一個影像有些差異，大腦會自動將這兩個影像判定爲連續的畫面，動畫就是利用這樣的原理來讓單張的靜止畫動起來。」

二、3D電腦動畫原理概念

在螢幕上，動畫片的內容有由靜止的圖片變成動態的影像，並及時傳遞給觀衆。人的視覺是由眼睛的視網膜掃描物體後反射到大腦神經形成的，對於靜態的物體我們可以清楚辨識，可是物體開始運動速度超過我們視力的反應速度，我們視覺中會出現殘留影像，科學上稱爲「視覺殘留」。上一個影像的殘留消失，下一個影像進入視覺，循環反覆，人就會感覺到物體的運動，人利用這個特性創造了動畫片。

通過視覺殘留這一個特點，利用人視覺的錯覺，動畫師就像變魔法一樣，在我們的面前把原來靜態的圖畫變成動態的動畫，這就是最初動畫的產生，這也跟電影的發明原理是相同的道理，了解動畫的原理，還要知道動畫的速度，多快的速度會讓人們看到動畫在動，速度超出多少人的眼睛就無法接受動畫，也就是讓人看動畫片時，不會發覺動畫播放的過程，通過研究的發現，固定播放速度爲每一秒24格。

通常在動畫片的製作中，我們簡化了一些影格採用雙格拍攝的方法，例如，一個動作需要在一秒的時間內完成，那這個動作需要24格秒格，採用雙格拍攝對每一圖畫拍攝兩次。這樣計算的話我們每一秒只需要12影格，這種情況所需的時間是一樣的，但是不同的是動作的速度會有所不同，動作的細膩度也因爲影格的減少而降低。

三、3D動畫藝術的定義

依據國際動畫組織SAIFA在1980年南斯拉夫的Zegreb會議中，對動畫一詞所下的定義：「動畫藝術是指除了眞實動作或方法外，去使用各種技術創造出的活動影像，亦即是以人工的方式創造動態影像。」然而3D電腦動畫指的是利用電腦工具，所創造出具有三度空間視覺效果的動態影像。相較於其他方式所製作的動畫，而3D電腦動畫其製作有許多步驟：首先要藉由特殊的動畫軟體營造出一個虛擬的三度空間來創造物體和場景的3D立體模型，然後再給予一個運動的模式，接著經由虛擬攝影機去拍攝運動的過程，並且打上燈光，最後才能夠完成動畫。因此，動畫是一種藝術，一種表演。

第三節　3D電腦動畫的美學表現

一、無限創意的想像力

電腦3D動畫的創作，是想像力最能呈現的一種創造方式，而在3D電腦動畫的世界之中，唯一的限制大概就是創作者本身的想像力了。在動畫的技巧表現裡則是藉由創作者的創造力去建構出幻象情境裡的眞實情境的呈現，透過想像可以讓原本不存在的人、事、物幻化成眞實影像呈現眼前，引領我們進入動畫的異想世界。《電腦動畫基礎》一書中指出：「回顧電腦動畫史，才短短幾十年的歷史，其所呈現的視覺可能性確實帶給人們無限的創作與想像空間。」所以在電腦3D動畫的創作之中，無論是創作的形式，創作的內容，或是動作呈現等表現的元素都是靠想像力來完成，藉由潛在意識的解放，將現實邏輯的外衣完全摒除，如同超現實主義一般，充分展現出自我的內在意識與情感的無限表達以及無限創意的想像力表現。

二、虛擬美學的立體空間表現

隨著電腦科技的日異月新，技術不斷進步，3D電腦動畫所模擬的眞實空間將會更加廣泛應用。而3D電腦動畫技術更突破傳統平面動畫（2D Animation）的分層（Layer）及色彩明暗深淺來模擬眞實立體空間的方式，因此，3D電腦動畫除了一般以平面動態的影像播放之外，還具有立體空間的特質，此一特質多應用於現今的虛擬實境以及立體電影上，使觀者得到彷彿悠遊於實體空間的體驗。除此之外，3D電腦動畫則更突破，利用電腦場景中物件排列的前後關係，藉由場景中虛擬攝影機的拍攝過程，實際經過電腦運算而將我們眼睛所認知的透視空間表現無遺，營造虛擬美學的立體空間表現。

三、影格間的藝術美學表現

動畫大師諾曼．麥克拉倫（Norman Mclaren）曾說：「每一格畫面與下一格畫面之間所產生出來的效果，比每一格畫面本身的效果更爲重要。」因此，任何的動畫形式皆是由影格成爲動畫形式過程中最基本的單位結構，在影格之間所產生的型態之中所具有的生命力以及表演特質，使得動畫已成爲動態影像的一門藝術。另外德勒茲（Deluxe）也曾說過：「動畫並不是由定格或是一個已完成的圖畫形體來組成的，而是一個正式形成或消失的圖形，它整個變化過程的呈現……動畫所要呈現的並不是某個特定時刻的圖形，而是要傳達出一個運動中的圖形。」因此，在3D電腦動畫的影像創造中，是將想像虛構的擬像化做眞實的呈現，由此可知，動畫中所呈現的動態與表演並非如電影一般，是藉由想像與模擬去創造原本就不存在的創意表現，所以動畫也就是影格間一種藝術性的創作表現。

四、自由變換視點的創造表現

3D電腦動畫的另一個重要特質，就是虛擬攝影機的自由運鏡，傳統影像語言的結構表現在於鏡頭運鏡與構圖，以陳述創作者的表達意念。但傳統的影像語言常因受限於天候、地勢等現實因素條件的影響，因而框限了創意的表現。然而3D電腦動畫的鏡頭運動則可以在毫無限制的條件之下，發揮鏡頭運動極大的自由度與創作的無限想像度。以3D動畫作爲表現而言，誇張和象徵是重要的特徵，人物的型態與表演是任何動畫形式吸引人的表現內容，然而適度的搭配視點移動的技巧，則更能達到理想的意念傳達。以創造出更爲逼眞的視覺感受，塑造出理想的視覺創造表現。

五、擬眞材質與光影的視覺

3D電腦動畫虛擬場景中所建立的物體，經由創作者以其經驗及技術來調整其功能屬性而達到如眞實物件的材質與光影的表現，如光跡追蹤演算法（Ray Tracing）可計算出經由光線的折射與反射，而呈現擬眞質感的創造與柔化光影的表現，而另外在3D電腦動畫所虛擬出的空間與人物角色，在今日的表現衍生的挑戰已不再是眞實性的視覺模擬，而是產生如何將原本不存在的人事物，透過想像與技術而創作出可被觀衆認同與感動的視覺美學的表現。

六、再現藝術美學觀

3D電腦動畫創作形式，具有破除標準化與現實框架的能力，經由想像力的發揮與自我幻想的特質，如超現實般不合理空間的呈現或是利用3D電腦動畫的演算法，將3D物件轉變爲傳統水墨畫或手繪風格的視覺表現等以表現傳統的藝術文化特質。因此，當電腦已成爲生活的一部分，且逐漸成爲新的文化時，藉由藝術創作來傳達文化現象而產生新的美學觀已是不可避免的衝擊。

七、合成與視覺特效的擬眞

3D電腦動畫可利用軟體中的分子技術產生如爆破、雲、海水等模擬眞實環境的自然效果，或取代具有危險性的特效製程，並經由參數修改產生出不同的效果。所以動畫合成技術只需藉由攝影機位置的路徑追蹤與光影色調及方向的配合，即可創造出與眞實場景完全融合的眞實影像。所以在3D電腦動畫的世界裡，是藉由想像來創造出眞實的世界，形成了電腦動畫獨特的擬眞藝術。

實質上只有一個銀幕或螢光幕與色光形成的平面影像中，我們的視覺卻可以感知其空間、時間、甚至情緒、概念等抽象內容，完全證明了視覺是主觀的，也證明了會將視野所見合理化是人類的本能。根據完形心理學家所提出的「完形、Gestalt」概念，是指：「在視野（平面作品中，意指：視框）間所見的一切視覺內容，都有其存在的積極性意義。亦即：在視框內出現的一切視覺元素，都應該具備能與其他視覺元素相互呼應的功能。」吳嘉寶的研究中認爲：「在影像作品中，可以稱爲『完形』的圖像，係指圖形間具備『視覺動力系統』的圖像。」而觀衆在欣賞一部電影時，所接受的訊息也是由連續的畫面與聲音等組成的敘事情節，而不是一連串各自獨立的停格片段。由此可知，知覺過程中最自然也最關鍵的工作項目，就是將不同時間與空間之訊息做一次整合。唯有如此，才得以讓訊息的接受者能從容不迫地接收並處理隨時湧入的大量訊息。「這些被完形心理學派研究歸納出來的視覺規律，可以幫助平面圖像的創意與設計人員，闢建一條能夠穿透點、線、面及空間重重繁瑣之造形、色彩、圖案、質感、動作等罣礙，進而往形成視覺認知的道路。」相對於電影、電視、動畫及3D電腦動畫等動態影像的設計與鑑賞而言，在完形法則之下所形成的視覺動力系統中，不僅包含了時間與空間的因素，更超越了視覺與聽覺的結構關係，不論是強調內在的精神訊息，或是外在的表現形式，都應是一個整體美學的藝術。

八、新媒體科技的美學表現

隨著科技技術的整合應用，從簡易的點、線、面所構成的物體以及動畫角色結合動態捕捉器（Motion Capture）來產生生動的表演動作，到鏡頭虛擬景象的合成運用等，都是結合最新的發展科技所產生，以達到更生動逼眞的視覺影像。由於表現形式與創作類型不斷求新求變的累積，因而發展屬於3D電腦動畫本身另類的美學特質，因此，3D電腦動畫除了外在形象的表現之外的美學特質，其中更包含了屬於科技藝術的文本性、視覺性與自動性的特質呈現。陳正才在《概觀新媒體藝術》中曾提到：「本質上，新科技媒體藝術是以科技精神爲主的時間藝術。」這正好呼應3D電腦動畫中所具有的科技性與時間性的視覺特質及美學表現。

第四章　3D電腦動畫構成要素

第一節　塑形（Model）

以塑型的方法與技巧而言，大致上可分爲精細尺寸造型、視覺化造型與程式性造型等三類。而在塑形造型的架構方面，3D電腦動畫軟體中的塑形構成不同於一般平面動畫的2D造型呈現，因爲電腦3D動畫是由點、線、面來構成的立體物件造型，並且直接表現出具有空間性的立體感，因此，創作者可以在製作角色或場景物件的當下立即感受到造型的整體連續性空間感，並以增加減去構成的點、線、面的方式來改變以及修改造型，創造出獨特的視覺造型。

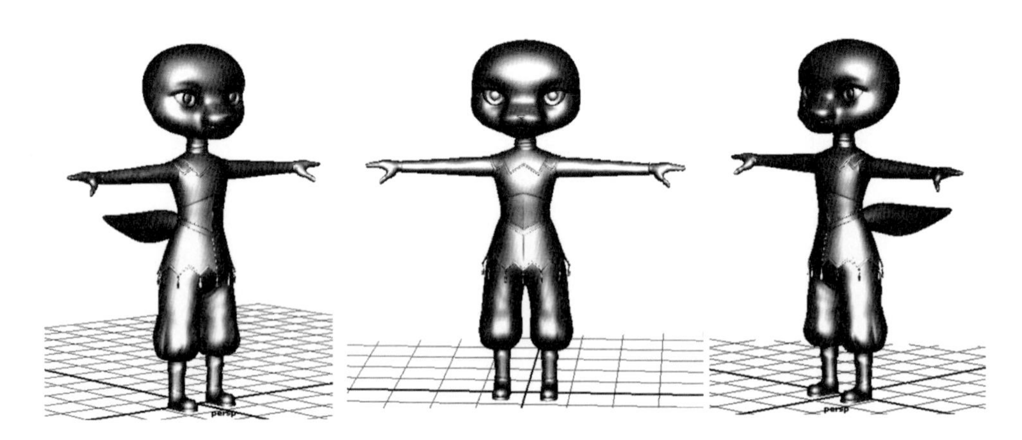

圖4-1　利用增加減去構成的點、線、面創造獨特的造型。

第二節　質感（Shading）

3D電腦動畫工具的材質貼圖（Texture Mapping），是利用掃描於眞實照片的圖像，或者是以手繪等方式所製作出來的2D平面數位影像，然後貼附於3D製作環境中的立體物件上，以模擬出物件固有的材質特性，此方法所營造出來的物件表面特質包括了物件顏色、表面的反射程度、材質與透明度以及環境貼圖等構成所創造出來的3D質感，創造出令人信服的想像世界。

第三節　燈光（Lighting）

燈光是用來創造整體影像情境與色調最主要的設定工具與技術，在3D動畫場景裡只要電腦運算能力可以，創作者就可依情境設定的需要建立無數的燈光數目，並且可隨意改變燈光及陰影的強度，以達到視覺上的效果。因此，在3D電腦動畫的虛擬世界之中，一切的人物角色與場景物件仍然要與眞實環境一般，必須將燈光與陰影來作爲物件的可視條件。以3D Maya軟體來說，可分爲六大類型燈光如下：

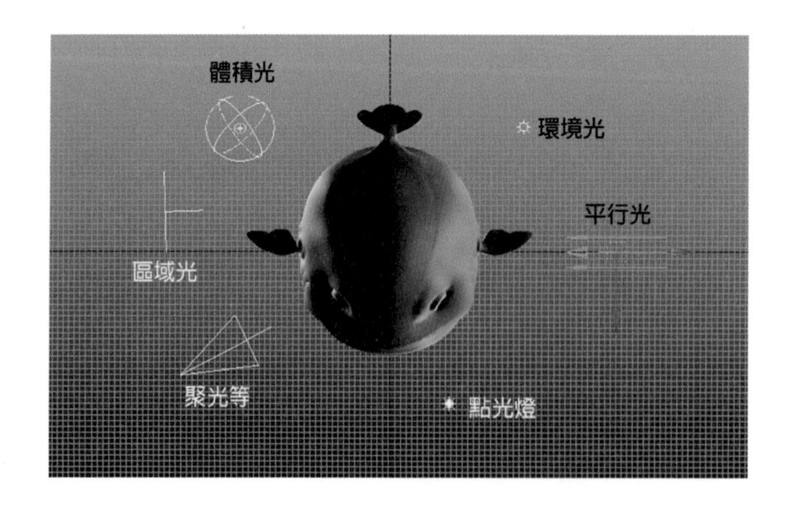

圖4-2

一、環境光：是一種發出的光線能夠很均勻的照射在場景中所有的物體，可模擬現實生活中物體受到周圍環境照射的效果。

二、平行光：其效果與燈光的方向有關，跟位置沒有關係，就像太陽光罩一樣，光線是相互平行的，不會產生夾角。

三、點光燈：就像燈泡一樣，是從一點向外均勻地發射光線，所以點光燈所產生的陰影也是發散狀的。

四、聚光燈：經常使用的一種重要燈光，具有明顯的光照範圍，類似手電筒的照明效果，最能凸顯重點，在場景中經常被使用。

五、區域光：是一種矩形的照明光源，在使用光線追蹤陰影時可獲得最佳的陰影效果，亦可產生很眞實地柔和陰影。

六、體積光：爲特殊的燈光，可約束一個特定的區域，只要對特定區域內的物體產生照明的效果，其他的空間則不會產生照明效果。

第四節　攝影機運動（Camera motion）

攝影機位置與攝影機的視點，是所有的鏡頭類型，就是靠著攝影機的位置與方向來定義，以產生鏡頭運動，例如伸縮（Zoom in/out）、直搖（Tilt）、平移（Pan）等等……，除了鏡頭運動之外，在動畫之中還有兩種最常使用的攝影運動技巧，其一是攝影機路徑，藉由路徑的設定可以將虛擬攝影機脫離固定位置而有更靈活的攝影機運動，可使觀者產生如主觀鏡頭一般身歷其境的視覺感受。其二是改變攝影機焦距與景深，來限制觀者的視覺焦點與影像情景的營造。因此，攝影機的鏡頭運動是幫助創作者傳達理念的重要因素。

在電影鏡頭語言中，各式的鏡頭運動，有基礎的操作邏輯，然而在3D的世界裡，更彌補、完整了攝影機的敘事語言。經由彙整及修正動畫與電影共同特性後，所整理出鏡頭的運動在3D電影動畫中的方法及應用如下：

一、搖鏡

搖鏡的運動分別爲左右搖擺（Pan）、上下搖鏡（Tilt）與快速搖鏡（Swish Pan）。

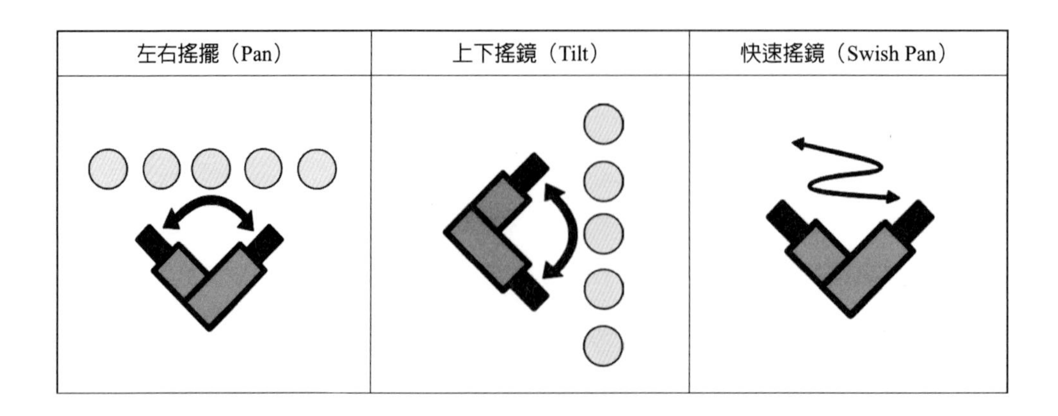

<table>
<tr><th>左右搖擺（Pan）</th><th>上下搖鏡（Tilt）</th><th>快速搖鏡（Swish Pan）</th></tr>
<tr><td>1. 方法：攝影機固定，並定點由左掃至右，或是從右掃到左。</td><td>1. 方法：攝影機固定，並定點由上掃至下，或是從下掃到上。</td><td>1. 方法：可同時包含左右橫搖及上下直搖，方向不定速度較快。</td></tr>
<tr><td colspan="3">2. 應用：
a.用以拍攝比定鏡更大的空間。b.平穩敘述故事的發展。c.交代某種動作。d.在兩個或更多的主題間，連接或暗示一個邏輯的關鍵。e.藉著影像的外型連接兩個或兩個以上的趣味焦點。f.重新再變化過後的場景中構圖。g.快速鏡頭又稱急搖鏡頭，適合用在轉場，使畫面模糊以方便連接。h.跟拍移動的動作，追隨主體運動。</td></tr>
</table>

二、升降鏡頭

除了升降鏡頭外，類似於升降鏡頭的運動方式，還有橫行鏡（Track）。將此運動方式的運動型態合併歸類。

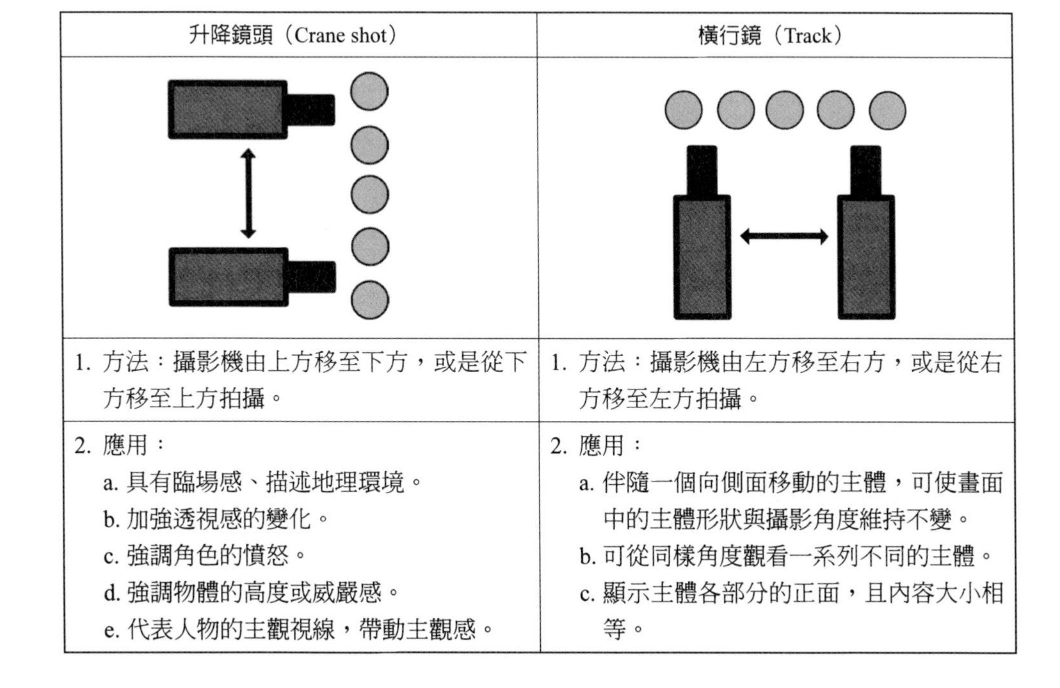

<table>
<tr><th>升降鏡頭（Crane shot）</th><th>橫行鏡（Track）</th></tr>
<tr><td>1. 方法：攝影機由上方移至下方，或是從下方移至上方拍攝。</td><td>1. 方法：攝影機由左方移至右方，或是從右方移至左方拍攝。</td></tr>
<tr><td>2. 應用：
a. 具有臨場感、描述地理環境。
b. 加強透視感的變化。
c. 強調角色的憤怒。
d. 強調物體的高度或威嚴感。
e. 代表人物的主觀視線，帶動主觀感。</td><td>2. 應用：
a. 伴隨一個向側面移動的主體，可使畫面中的主體形狀與攝影角度維持不變。
b. 可從同樣角度觀看一系列不同的主體。
c. 顯示主體各部分的正面，且內容大小相等。</td></tr>
</table>

三、推軌鏡頭

相較於推軌鏡頭，攝影機反方向的運動方式，稱之為後拉鏡頭（Pull-back shot）。將此相似的運動型態合併歸類。

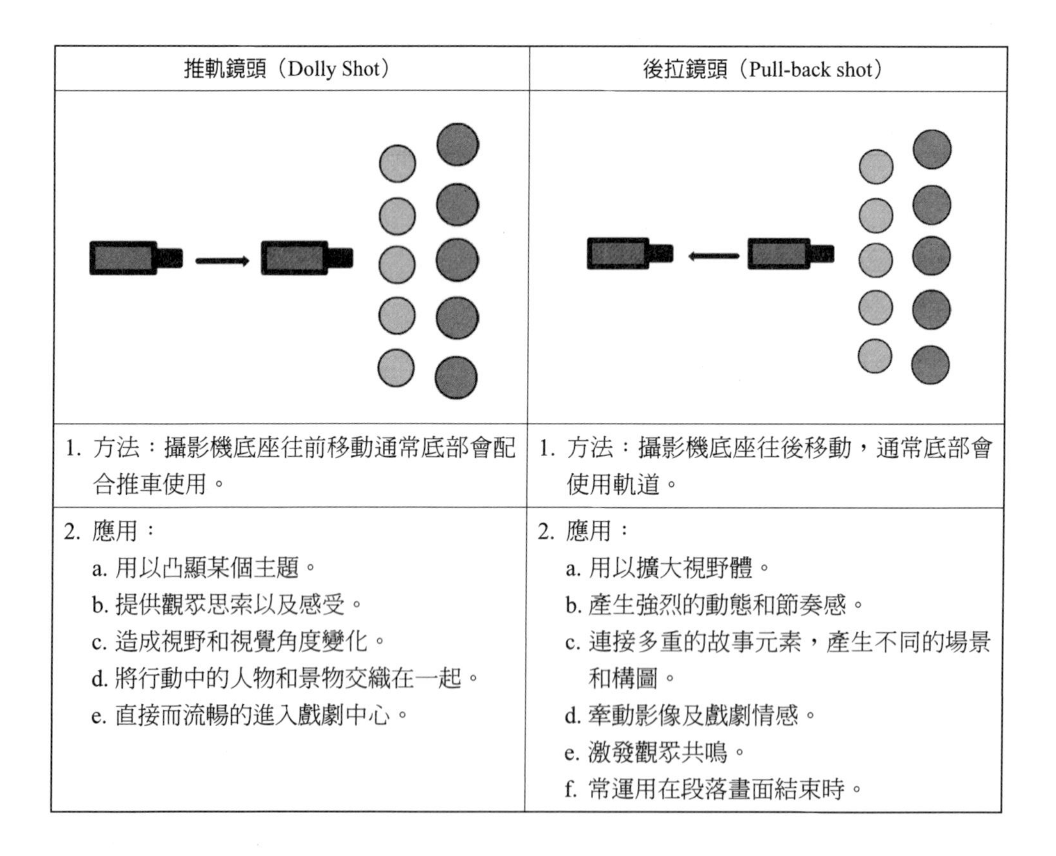

推軌鏡頭（Dolly Shot）	後拉鏡頭（Pull-back shot）
1. 方法：攝影機底座往前移動通常底部會配合推車使用。	1. 方法：攝影機底座往後移動，通常底部會使用軌道。
2. 應用： a. 用以凸顯某個主題。 b. 提供觀眾思索以及感受。 c. 造成視野和視覺角度變化。 d. 將行動中的人物和景物交織在一起。 e. 直接而流暢的進入戲劇中心。	2. 應用： a. 用以擴大視野體。 b. 產生強烈的動態和節奏感。 c. 連接多重的故事元素，產生不同的場景和構圖。 d. 牽動影像及戲劇情感。 e. 激發觀眾共鳴。 f. 常運用在段落畫面結束時。

四、手持攝影

移動鏡頭（Traveling shot）、手持攝影（Hand held camera）、跟拍鏡頭（Follow shot），都屬於移動鏡頭中幾項比較特別的方式，將三者歸納後作出比較：

移動鏡頭 （Traveling shot）	手持攝影 （Hand held camera）	跟拍鏡頭 （Follow shot）
1. 方法：泛指任何形式的攝影運動。	1. 方法：徒手持攝影機進行拍攝，通常爲徒步行走。	1. 方法：鏡頭跟隨某主體移動拍攝。
2. 應用： a. 提供觀眾思考空間。 b. 顯示主體進行之動線。 c. 跟隨動線，保持戶面均衡。	2. 應用： a. 表現出不穩定，不安、動亂的環境。 b. 顯示主體進行之動線。 c. 跟隨動線，保持畫面均衡。	2. 應用： a. 改變場面調度。 b. 跟隨事件主軸重心。 c. 具有探索、神祕的意味。 d. 維持構圖。

五、伸縮鏡頭

將攝影機定放在原地，只變動攝影機鏡頭的焦距，與定鏡（Static camera）本質類似，將此兩種類型整理比較：

伸縮鏡頭（Zoom Lens）	定鏡（Static camera）

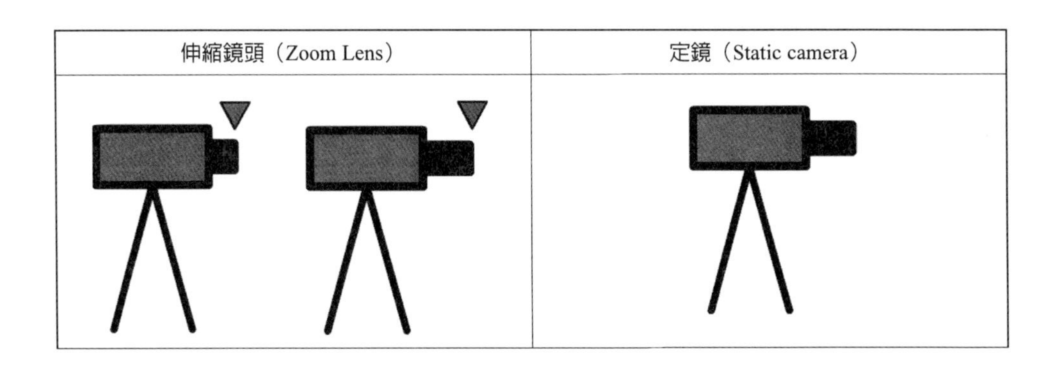

伸縮鏡頭（Zoom Lens）	定鏡（Static camera）
1. 方法：攝影機不動，僅轉動鏡頭焦距，如轉動方式爲從左圖到右圖稱zoom（伸），從右圖到左圖稱lens（縮）。	1. 方法：攝影機固定，通常是放置在腳架上。
2. 應用： a. 大致上與推軌鏡頭功能相同。 b. 靈活、快速地捕捉目標。 c. 快速地強化重點部分。	2. 應用： a. 自然地、中性地、不帶感情角度來敘述這件事。 b. 凸顯影片前後關聯。

六、弧形攝影

以旋轉爲基準的鏡頭，還有旋轉鏡頭（Rotate），故將此兩者歸納後作出比較：

伸縮鏡頭（Zoom Lens）	旋轉鏡頭（Rotate）
1. 方法：弧形鏡標準的運動方式，環繞主體繞圈拍攝。	1. 方法：攝影機固定中心，機身在原地旋轉。
2. 應用： a. 使主體的角度逐漸變化，可提高觀賞的興趣。 b. 強化出主體和周遭的對比。 c. 展現展場的壯觀氣象。 d. 塑造出主體宏偉、神聖不可侵犯的氣勢。	2. 應用： a. 彰顯出中心角色的思緒混亂與心理感受。 b. 搭配俯視鏡頭，凸顯出主體的姿態與美麗和攝影美術布景的特色。

第五節　動畫（Animation）

在3D電腦動畫軟體中，每個物件就其個別屬性都可藉由設定關鍵畫格方式，經由電腦自動運算其中間畫格來產生動態，因此，影響動態的關鍵就在於關鍵格之間所產生的插補類型控制，而插補藉著曲線型態控制著關鍵格之間動態變化的速度與方向，因此，要使一個3D電腦動畫角色或物件具有生命力的動態效果，除了要有觀者的視覺認知外，一位創作者所要學習的就是如何精確的控制關鍵格之間插補曲線及數值的變化。動畫是通過把人物的表情、動作、變化等分解後畫成許多動作瞬間的畫幅，再用攝影機連續拍攝成一系列的畫面，給視覺造成連續變化的圖畫。它的基本原理與電影、電視一樣，都是視覺暫留原理。

第六節　UV理解

UV是停留在多邊形網格頂點上的二維紋理坐標點，定義了一個二維紋理坐標系統，稱爲UV紋理空間，這個空間用U和V兩個字母定義坐標軸，用於確定如何將一個紋理圖像放置在三維的模型表面。在本質上，UV是一種模型表面與紋理圖像之間的連接關係，UV負責確定紋理圖像上的一個點（那個點稱之爲像素）應該放置在模型表面的頂點上，由此可將整個紋理鋪成到模型上，如果沒有UV，多邊形網格將不能被渲染出紋理。

通常在創建Maya原始對象時，UV一般都被自動創建，但在大部分情況下我們還是需要重新安排UV，因爲在編輯修改模型時，UV不會自動更新自動改變模型。

重新安排UV，一般是在模型完全做好之後並且在指定紋理貼圖之前進行，此外任何對模型的修改都有可能造成模型頂點與UV的拉扯，而使紋理貼圖出現錯誤。（如圖4-3）

圖4-3　電話機模型。

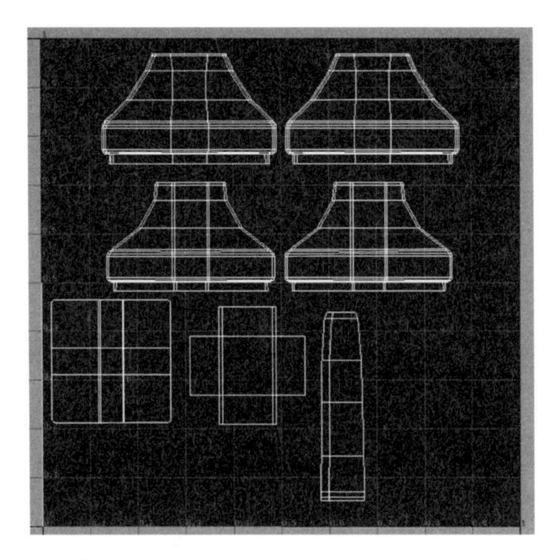

圖4-4 如電話機拆UV後的展開圖。

一、UV和紋理的投射

NURBS表面與多邊形網格的貼圖機制不同，NURBS表面的UV是內建的，這些UV不能被編輯，移動CV將會影響紋理貼圖，而多邊形的UV並非一開始就存在，必須明確的創建並且可隨時進一步修改編輯。（如圖4-5）

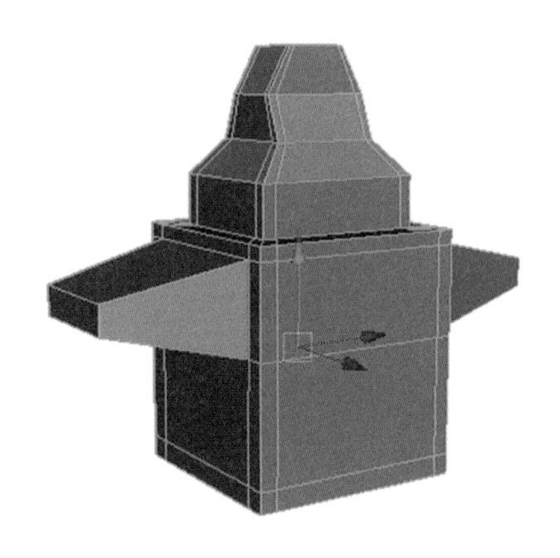

圖4-5 模型圖。

圖4-6　模型拆UV圖。

圖4-7　模型投射圖。

二、UV貼圖

一個模型表面創建UV的過程叫UV貼圖，這過程包括創建、修改、編輯，其結果是明確的決定圖像如何在三維模型上呈現。

三、創建UV

在Maya軟體中可由很多UV創建工具，例如自動UV工具、平面UV工具、圓柱UV工具、球體UV工具以及自訂UV工具。每種創建工具都是使用一種預定的規則，將UV紋理坐標投射到模型表面，自動創建紋理圖像與表面的關係。

通常對自動產生的UV還必須使用UV編輯器進一步編輯才能達到所需要的效果，因爲每次對模型的修改（如擠壓、縮放、增加、刪除等等……）都會造成UV拉扯，所以最好的工作流程是等模型完全設計好之後才開始創建UV。

四、評估與觀察UV

一旦已經成爲一個模型創造了UV時，可使用UV編輯器編輯它，這個編輯器可以在一個二維平面上觀察UV坐標點和其他與紋理圖像的關係並且能手動編輯UV及其他的各種元素。通常使用創建工具產生的UV可能不符合我們的需求，因此可以在UV編輯器裡用眼睛觀察評估，並且手動調整UV的位置以重新排列。

調整UV的參考原則是信賴最後需要貼圖的紋理圖像，也就是說不同的圖像需要不同的UV位置。以下幾種情況需要使用UV編輯器調整：

（一）當模型最後要貼圖的圖像確定時，可能需要調整UV以適合圖像。

（二）想使用一個圖像多次重複時，例如一面磚牆。

（三）在使用自動創建UV時，自動創建的UV通常總是產生多個基於表面分離的UV網格，因此可能需要重新排列或縫合一些分離的UV。

（四）模型表面的貼圖發生嚴重的拉扯、變形時，可能需要在UV編輯器中將一些UV展開或鬆弛。

（五）值得注意的是，要爲一個模型做最好的UV貼圖，需要經過多次的嘗試以及採用不同的UV創建方法。

五、UV貼圖技巧

Maya提供許多創建和編輯UV的工具，其中UV編輯器是最主要的工具，懂得如何爲一張圖像找到一個最佳的UV是非常重要的技術，以下是基本的技巧法則：

（一）保持UV坐標値在0～1的範圍

在UV編輯器中，UV空間顯示爲一個網格標記，工作區域爲0～1，在UV創建過程中，Maya會自動設置UV値處於0～1之間，但在UV過程移動縮放之後，UV可能被放置在0～1之外，在多數情況下，應該將UV値保持在0～1的範圍內，若UV値超出0～1的範圍時，紋理圖像會重複出現或者破壞。

（二）消除UV重疊

相互連接UV點而形成的網格，稱爲UV。在UV編輯器中，如果UV出現重疊，則在模型的相應頂點部位出現圖像重複現象，通常應該消除這種重疊，除非有特殊的需要，例如一個模型有兩個不同的部位，有相同的圖像，則這兩個部位的UV可以重疊放置在這個圖像上。

（三）正確安排UV之間的間隔

兩個UV之間的間隔也是重要的考慮內容，因爲它們不能太過於靠近，否則在渲染時會將另一個UV的圖像內容也渲染出來。

（四）儘量使用捕捉UV

在編輯UV時，類似編輯場景中的元素，也能使用多種捕捉的方法控制UV，可以捕捉到背景網格線及其他UV點以及圖像像素點。

（五）創建平面UV貼圖

透過一個平面將UV投射到模型表面，模型表面最好是相對平坦的。通常這種技術創建UV是重疊的，看起來就像是一個簡單的UV，所以在創建完之後應該使用Edit UV/Layout將重疊的UV分離。

（六）平面UV貼圖

平面貼圖看起來像紋理邊界是共享的、重疊的UV。然而打開Display＞Polygons＞Texture Border Edges（顯示紋理邊界），可以清楚看到這個邊界。（或者在UV編輯器中按顯示邊界圖標）。共享的、重疊的UV可能會引起接縫問題，解決這個問題可手動分離UV（Edit UV）Layout＞參數盒，設置Separate shells爲Folds，Shell layout設置爲Along U或者Into Square。

如果想一次對多個模型創建平面UV貼圖，可選把這個模型聯合（Combine），創建UV完成後，再將它們分離（Separate）。否則，只能一個一個地分別創建了。如果一個模型是複雜的有機器官，而你想用一張圖進行貼圖，則平面貼圖可能會產生交疊和扭曲，此時，可考慮採用其他的貼圖創建技術。

（七）圓柱UV貼圖

基於一個圓柱，沿著模型網格周圍進行包裹，而產生的UV布局，模型最好是沒有凸出物或者空洞。

1. 選擇想貼圖的面。
2. 使用Create UV＞Cylindrical Mapping工具。
3. 使用手動控制器操作圓柱外型。
4. 最後在UV編輯器中進一步編輯。

（八）球體UV貼圖

基於一個球體，沿著模型網格周圍進行包裹，而產生的UV布局。模型最好是沒有凸出物或者空洞。

1. 選擇想貼圖的面。
2. 使用Create UV＞Spherical Mapping工具。
3. 使用手動控制器操作圓柱外型。
4. 最後在UV編輯器中進一步編輯。

（九）自動UV貼圖

由系統針對模型的形狀，自動查找和確定UV布局，可能會使用多個投射平面產生多個UV。對複雜的模型和有空洞的模型，使用自動UV貼圖非常有效。在進一步的操作中，可能需要對分離進行縫合，可以確定映射平面的數量，也能使用場景中某個對象作爲投射平面（通過Load Projection）。

1. 選擇一個模型，同時打開它的UV編輯器。
2. 使用Create UVs＞Automatic Mapping＞參數，設置好參數。
3. 單擊Project。使用手動調節器調節（在視窗也能再次調出這個調節器）。
4. 使用UV編輯器進一步調整。

（十）自設UV貼圖

由自設指定的一個投射平面來創建UV布局。關於投射對象的標準要求：1.被用自設投射的對象必須有UV紋理坐標；2.推薦這個對象是由分離的面組成。例如，想把某個原始polygons投射對象的話，它必須要先用Mesh＞Extract分離網格。（不要用Nurb和細分表面來作應設對象）；3.這個對象確定了將來創建UV布局時的投射平面位置和形狀；4.這個對象最大的面數不能超過31。其操作方法如下：

1. 選擇一個要貼圖的模型，並打開它的UV編輯器。

2. 打開Create UVs＞Automatic Mapping＞參數，勾選Load Projection，在輸入框輸入想運用作投射的對象，或者在場景中選擇這個對象，然後單擊Load Selected加載。

3. 單擊Project。使用手動調節器調節（在視窗也能再次調出這個調節器）。

4. 使用UV編輯器進一步調整。

（十一）確認UV的放置

創建UV布局時，如何確認他們的位置是否正確合理？一個確認方法是指定一個包含紋理的材質給這個模型，通過觀察紋理來確認。Maya提供了一個快速觀察紋理的方法，打開Create UVs＞Assign Shader to Each Projection。Maya會自動創建一個叫「defaultPolygonShader」的材質（它包含棋盤格紋理），指定給正在創建UV的模型（這個材質也加入該模型的節點，所以也可以在該節點更換其他的紋理）。確認後，快速觀察紋理的方法是關閉的。

（十二）在兩個模型之間拷貝UV布局

通常拷貝使用這個場景，創建複雜模型的UV布局時，先考慮被這個複雜模型，用光滑工具執行它的網格（避免UV出現重疊），然後對它進行創建UV布局，之後再將這個布局遷移到複雜的模型。

1. 拷貝模型。

2. 使用Mesh＞Average Vertices＞參數，進行光滑。（注意，這個光滑技術不會增刪頂點數量），爲達到最佳效果，可以多次重複使用這個工具。

3. 爲這個光滑模型創建UV布局，然後調節，直到滿意。

4. 使用Mesh＞Transfer Attributes，拷貝這個UV布局給最初的模型。

第七節　算圖（Rendering）

是經由燈光、材質，攝影機運動等模擬人物或物件給予視覺畫呈現的過程，最終皆需要經過算圖的設定與處理才可產生實際的動態影像，就目前的算圖類型而言，有光跡追蹤法（Ray Tracing）所創造出具有反射與折射的質與逼眞的光影呈現，此外，熱輻射運算法的間接漫射光影與材質呈現，也成爲模擬眞實環境所需的應用方法。而目前最新的算圖方式，是以非寫實性算圖的演算法，藉由電腦繪圖融合藝術性表現的方式，成功地應用於3D與2D動畫的結合，創造出更多元且更具有藝術與文化性的質感表現。

第五章　3D電腦動畫學理

第一節　3D建模類型

3D建模是一種在三維製作軟體上透過虛擬三維空間構建出具有三維數據的模型。3D建模可分爲NURBS建模和多邊形網格建模。NURBS對於要求精細、彈性與複雜的模型有較好的應用，適合量化生產用途。多邊形網格建模是使用拉面方式，適合做效果圖與複雜的場景動畫。目前最知名的三維動畫製作軟體是3D Maya及3D Max。

一、NURBS建模

NURBS建模的發展始於1950年代，它可以在任何技術上需要的時候精確的複製出來，以前這類型曲面的表示只存在於設計者建立的實體模型。NURBS建模發展的先驅包括：Pierre Bezier和Paul de Casteljau兩個法國人，前者曾是雷諾的工程師，後者在標緻工作。貝塞爾基本是和Paul de Casteljau獨立發展的，兩人互相不知道對方的工作，但是因爲貝塞爾發表了他工作的結果，所以今天一般的電腦圖形學使用者認爲，模型透過在曲線上的控制點表示的稱之爲貝塞爾建模。而Paul de Casteljau的名字僅作爲他爲計算參數化曲面所設計的演算法而爲人所知。在1960年代，最初NURBS僅用於汽車公司私有的電腦輔助設計，後來它們成爲標準電腦圖形的一部分，包括OpenGL圖形庫。NURBS曲線和曲面的即時、互動繪製是最初由Silicon Graphics工作站於1989年提供。在1993年，CAS Berlin開發了第一個個人機上的互動式NURBS建模器，稱爲NURBS。如今大多數桌上型電腦的專業電腦圖形應用程式提供NURBS技術。

NURBS對於電腦輔助設計（CAD）、製造（CAM）和工程（CAE）是幾乎無法迴避的，並且是很多業界廣泛採用的一部分標準，但還是有很多它們在互動式建模中的優點和有用性的錯誤觀念，主要是由於關於單一軟體及其使用者介面的難易性。通常，可說編輯NURBS曲線和曲面是高度直觀和可預測的，控制點總是直接連線到曲線或曲面上，而根據使用者介面的區別，編輯可以透過它們各自的控制點操作，這對於貝塞爾曲線是最顯然也最一般的，或者也可以透過高層的工具，例如高階層建模的編輯。高層建模的編輯工具可以設計得很強大，並獲得益於NURBS建立不同層次的連續性能力：在視覺上「光滑」的東西，用NURBS還可以達到更高階的連續性，它們可以導致亮度連續性。這樣的亮度連續性經常被新車模型的攝影師所依賴，他們熱中於展示霓虹燈在車身上的映像，燈光可以展示出完美的光滑度，這在沒有NURBS的情況下實際上是不可能的。（如圖5-1）

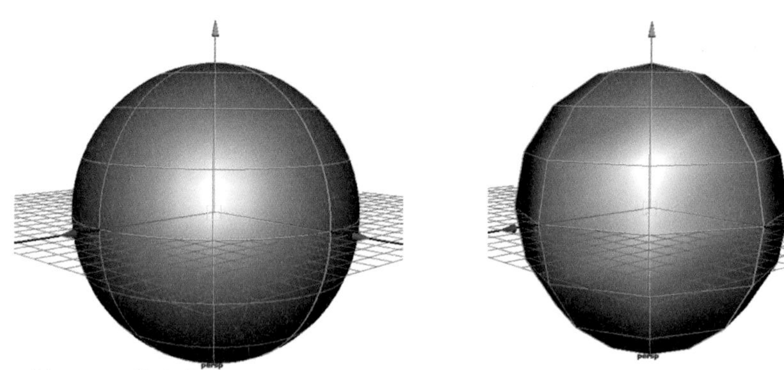

圖5-1 以NURBS的球體執行Sooth後產生邊線球體。

二、多邊形建模

多邊形建模就是Polygon建模，是目前三維軟體兩大流行建模方法之一（另一個是曲面建模），用這種方法創建的物體表面由直線組成。Polygon建模是一種常見的建模方式，首先使一個對象轉化爲可編輯的多邊形對象，然後透過對該多邊形進行建模。

Polygon建模，多邊形對象的各種子對象進行編輯和修改來實現建模過程，對於可編輯多邊形對象，它包含了Vertex（節點）、Edge（邊界）、Border（邊界環）、Polygon（多邊形面）、Element（元素）五種子對象模式，與可編輯網格相比，可編輯多邊形顯示了更大的優越性，即是多邊形對象的面不只可以是三角形面和四邊形面，而且可以是具有任何多個節點的多邊形面。（如圖5-2）

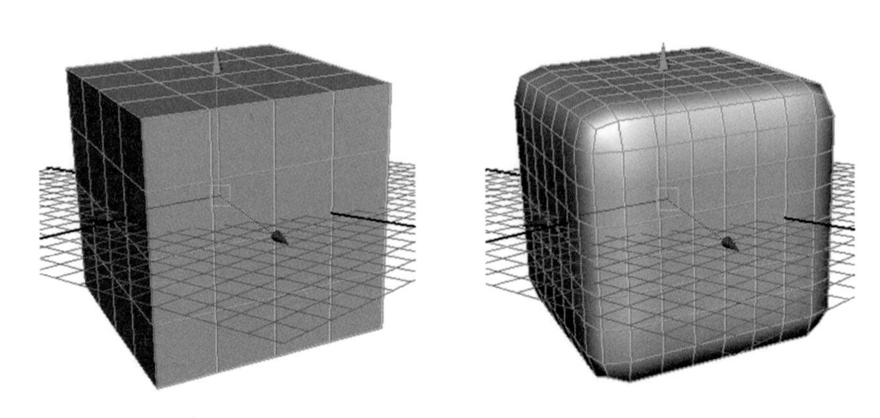

圖5-2 以Polygon的正方體執行Sooth後產生圓滑的正方體。

多邊形（Polygon）建模從早期主要用於遊戲，到現在被廣泛應用（包括電影），多邊形建模已經成爲在CG行業中與NURBS並駕齊驅的建模方式，多邊形從技術角度來講比較容易掌握，在創建複雜表面時，細節部分可以任意加線，在結構穿插關係很複雜的模型中就能體現出它的優勢。另一方面，它不如NURBS有固定的UV，在貼圖工作中需要對UV進行手動編輯，防止重疊、拉扯、紋理。對於Polygon建模的概念如下：

（一）多邊形就是由多條邊圍成的一個閉合路徑形成的一個面。

（二）頂點Vertex：線段的端點，構成多邊形的最基本元素。

（三）邊Edge：就是一條連接兩個多邊形頂點的直線段。

（四）面Face：就是由多邊形的邊所圍成的一個面。Maya允許由四條以上的邊構成一個多邊形面。（四角面是所有建模的基礎。在渲染前每種幾何表面都被轉化爲四角形面，這個過程稱爲鑲嵌）一般原則，儘量使用三邊或四邊面。

（五）法線Normal：表示面的方向。法線朝外的是正面，反之是背面。頂點也有法線，均勻和打散頂點法線可以控制多邊形的平滑外觀。

第二節　光線跟蹤電腦演算法

在物理學中，光線追跡可以用來計算光速在媒介中傳播的情況，在媒介中傳播時，光速可能會被媒介吸收，改變傳播方向或者投射出媒介表面等。我們經由計算理想化的光線透過媒介中的情形來解決這種複雜的情況。在實際應用中，可以將各種電磁波或者微小粒子看成理想化的光線，基於這種假設，人們利用光線追跡來計算光線在媒介中傳播的情況。光線追跡方法首先計算一條光線在被媒介吸收，或者改變方向前，光線在媒介中傳播的距離、方向以及到達的新位置，然後從這個新的位置產生出一條新的光線，使用同樣的處理方法，最後計算出一個完整的光線在媒介中傳播的路徑。

爲了產生在三維電腦圖形環境中的可見影像，光線跟蹤是一個比光線投射或者掃描線渲染更加逼眞的實作方法，這種方法透過逆向跟蹤與假象的攝影機鏡頭相交的光線路徑進行工作，由於大量的類似光線橫穿場景，光線與場景中的物體或媒介相交時計算光線的反射、折射以及吸收，所以從攝影機角度看到的場景是可見訊息以及軟體特定的光照條件，就可以構建起來的。

光線跟蹤的場景經常是由程式設計師用數學工具進行描述，也可以由視覺藝術家使用中間工具描述，或使用從數位相機等不同技術方法捕捉到的影像或者模型資料。由於一個光源發射出的光線絕大部分不會在觀察者看到的光線中占很大比例，這些光線大部分經過多次反射逐漸消失或者至無限小，所以對於構建可見訊息來說，逆向跟蹤光線要比眞實地模擬光線相互作用的效率要高很多倍。電腦模擬程式從光源發出的光線開始查詢與觀察點相交的光線從執行與獲得正確的影像來說是不現實的，這種方法明顯的缺點就是需要假設光線在觀察點處終止，然後進行逆向跟蹤。光線跟蹤電腦演算法一般可分爲下列幾種：

一、自然現象

在自然界中，光源發出的光線向前傳播，最後到達一個妨礙它繼續傳播的物體表面，我們可以將光線看作在同樣的路徑傳輸的光子流，在完全眞空中，這條光線將是一條直線。但是在現實中，在光路上會受到三個因素的影響：吸收、反射與折射等因素。物體表面可能在一個或多個方向反射全部或者部分光線，它也可能吸收部分光線，使得反射或折射的光線強度減弱。如果物體表面是透明的或半透明的，那麼它就會將一部分光線按照不同的方向折射到物體內部，同時吸收部分或全部光線並發出輻射。吸收、反射以及折射的光線都來自於入射光線，而不會超出入射光線的強度。例如，一個物體表面不可能反射52%的輸入光線，然後再折射63%的輸入光線，因爲這二者相加將會達到115%。這樣，反射或折射的光線可以到達其他的物體表面，同樣的，吸收、反射、折射的光線重新根據入射光線進行計算。其中一部分光線透過這樣的途徑傳播到我們的眼睛，我們就能夠看到最終的渲染影像及場景。

二、光線追蹤演算法

光線追蹤（Ray tracing）是三維電腦圖形學中的特殊渲染演算法，跟蹤從眼睛發出的光線而不是光源發出的光線，透過這樣一項技術產生編排好的場景。其優缺點如下：

（一）光線追蹤的優點

光線跟蹤比其他渲染方法如掃描線渲染或者光線投射更加能夠現實地模擬光線，像反射和陰影這些對於其他的演算法來說都很難實作的效果，卻是光線跟蹤演算法的一種自然結果。光線跟蹤易於實作並且視覺效果很好，所以它通常是圖形編輯過程中重要的領域。

（二）光線追蹤的缺點

光線跟蹤的最大缺點就是效能，掃描線演算法以及其他演算法利用資料的一致性在像素之間共享計算，但是光線跟蹤通常是將每條光線當作獨立的光線，每次都要重新計算。但是，這種獨立的做法也有一些其他的優點，例如可以使用更多的光線以抗混疊現象，並且在需要的時候可以提高影像品質。儘管它正確地處理了相互反射的現象以及折射等光學效果，但是傳統的光線跟蹤並不一定是眞實效果影像，只有在非常近似或者完全實作渲染方程式時才能實作眞正的眞實效果影像。由於渲染方程式描述了每個光速的物理效果，所以實作渲染方程式可以得到眞實效果，但是，考慮到所需要的計算資源，這通常是無法實作的。於是，所有可以實作的渲染模型都必須是渲染方程式的近似，而光線跟蹤就不一定是最爲可行的方法。包括光子對映在內的一些方法，都是依據光線跟蹤實作一部分演算法，但是也可以得到更好的效果。

三、光線投射演算法

光線投射就是眼睛看到的那個點的物體。根據材料的特性以及場景中的光線效果，這個演算法可以確定物體的濃淡效果，其中一個簡單的假設就是如果表面面向光線，那麼這個表面就會被照亮而不會處於陰影中。表面的濃淡效果根據傳統的三維電腦圖形學的濃淡模型進行計算，光線投射超出掃描線渲染的一個重要優點，是它能夠很容易地處理非平面的表面以及實體，如圓錐和球體等。如果一個數學表面與光線相交，那麼就可以用光線投射進行渲染，複雜的物體可以用實體造型技術構建，並且可以很容易地進行渲染。

四、光線穿過場景的反方向

從眼睛發出光線到達光源從而渲染影像的過程稱為「後向光線跟蹤」，這是因為實際光線傳播方向是反方向的，但是，對於這個術語來說還有一些混淆的地方。早期的光線跟蹤經常是從眼睛開始，將它們分成基於眼睛或基於光源的光線跟蹤將會更加清楚。在過去的幾十年中，研究人員已經開發了許多組合了這兩種方向的計算方法與機制，以產生投射或者偏離交叉表面或多或少的光線。例如，輻射著色演算法通常根據光源對於表面的影響進行計算並且儲存這些結果，然後一個標準的遞迴光線跟蹤器可以使用這些資料產生場景真實、物理正確的影像。

五、即時光線跟蹤

人們已經進行了許多努力與改進電腦與視訊遊戲的技術，這些互動式三維圖形應用程式中的即時光線跟蹤速度，都是設計用來加速光線跟蹤處理中那些需要大量計算的操作。自從20世紀90年代末開始，一些愛好者就已經開發了一些光線跟蹤的即時三維引擎軟體。

第三節　鏡位取向在3D電腦動畫之表現法

鏡頭取向是動畫表達故事的語言，所有的畫面都必須透過攝影機來呈現，如何妥善、適當地運用攝影機才能把故事說得清楚、連接得流暢及有動人的表現，是整部影片最重要的。鏡頭的運用與故事發展關係密切，在觀察的過程中察覺，鏡頭尺寸大小的表現，與故事情節的發展息息相關：隨著劇情的深入，景別的運用自描繪人物性格與鋪陳敘事，發展到偏重故事節奏與加強情緒渲染的畫面。在攝影機運動方面，也受到故事發展所影響：整體而言，運鏡速度是有逐漸加快的趨勢，快鏡頭平均使用的個數逐段增加。而隨故事發展到高潮，段結尾部分，這種運鏡主要的功用，在於跟隨或展現快節奏的動作。如此兩方面的加乘效果，攝影機運動得以表現故事最精采、最刺激的地方。

除此之外，故事鋪陳的段落，鏡頭時間較長，愈近高潮的段落，鏡頭時間就逐漸縮短，如此不僅能加快整個敘事的步調，同時更能讓觀眾聚精會神於鏡頭畫面與劇情當中。由此可見，鏡頭的運用與故事發展關係是密切的。3D電腦動畫，皆有人物角色及故事劇情的敘述，基本上都是以「角色動畫」（Character Animation）為主；角色動畫精采之處就在於肢體和面部的表演，以及角色之間的互動。鏡頭是輔助動畫角色的利器。

一、擬人化鏡頭運用的表現法

3D動畫與電影不大相同，所有素材都是從無到有的，因此也較容易實現天馬行空的創意和想像，而這也是動畫之所以吸引人的地方。所謂擬人化鏡頭，就是攝影機在影片中的運用，實際並無人為影響，卻故意地去擬人化，讓鏡頭帶有「人」的意識。擬人化鏡頭其實包含多面向的鏡頭運用，但主要是以鏡頭觀點與鏡頭角度的變化為主。在鏡頭觀點方面，限制第三人稱的鏡頭敘述觀點，無論為主觀或客觀鏡頭，經常都有擬人化鏡頭的表現，既不是攝影機觀點、也非故事角色的視線，但卻帶有「人」窺看的意念，因此是爲擬人化鏡頭。而在鏡頭角度方面，尤其是在垂直鏡頭角度的運用，也經常出現擬人化鏡頭。

擬人化鏡頭的運用，爲動畫帶來更生動的視覺畫面，也讓鏡頭展現出多元化的表現性，同時，能將人物角色和環境背景增添可信度，並合理化劇情的發展。這些對於使用特別題材的動畫故事都有顯要的幫助。藉由擬人化鏡頭，可以拉近動畫電影與觀衆之間的距離，說服觀衆去相信，並融入、參與到故事當中，對整部影片有很大的影響。

二、鏡頭角度運用的表現法

動畫取鏡的角度絕對不是隨便決定的，不僅影響到整個畫面是否能形成優美的構圖，也傳達各種不同的訊息，還必須取決於場景和空間、光影和色彩、欲凸顯的主體、前後鏡頭的搭配等等……，甚至經常會涉及心理層面，藉以表現角色內心的某種情緒或狀態。

一般提到鏡頭的角度，就是指垂直視角的變化，這樣的改變通常都會加深透視感，甚至會產生扭曲或伸展、壓縮的效果，形成角色與背景之間各種不同的視覺畫面。鏡頭尺寸的大小通常被稱作「景別」（Shot size），是鏡頭語言當中用來敘述空間場景、交代人物關係、展現動作調度最重要、也最顯而易見的形式。景別的畫分主要是依據景框（Frame）內能容納多少的素材來決定（焦雄屏譯，2005）。一般而言，描述一個鏡頭的方法就是歸納出攝影機「看起來」與畫面主體之間的距離，所以這種定義是十分主觀的。爲了讓景別的定義能有較客觀、統一的尺度，通常是以畫面中人物的大小作爲畫分景別的參照物；如畫面中沒有人物，就以場景與人物的比例來參照。

景別的稱呼永遠都是相對的，Ines Cherif, Vassilios Solachidis, IoannisPitas於2007年提出具有科學根據的論文當中，以人臉占畫面的比例當作依據，運用黃金比例分割出人的身體，進而定義鏡頭畫面中主要人物的大小，將景別總共定義爲八個類型，分別爲：

（一）極遠景（Extreme Long Shot）；

（二）遠景（Long Shot）；

（三）全景（Full Shot）；

（四）中遠景（Medium Long Shot）；

（五）中景（Medium Shot）；

（六）近景（Medium Close-up）；

（七）特寫（Close Up）；

（八）極特寫（Extreme Close Up）：

攝影機所擺放的位置也會影響到鏡頭畫面的「鏡頭角度」（Shot Angle），鏡頭角度絕不是隨便決定的，總是取決於場景的形狀、燈光、要凸顯主題的某一面、與前一畫面和後一畫面配合。這也是導演經常會運用的鏡頭語言，藉以達到各種敘事與表現的重要基本形式。鏡頭的角度是由攝影機與畫面主體之間相對的角度所決定的，角度的變化則來自於攝影機高度或位置的改變，而這樣的改變，不僅會讓景物產生不同的透視變化，鏡頭的俯仰之間，更能讓觀衆融入故事的情緒和氣氛當中。不同的角度表現出不同的情境與訊息，並能在分明與強調畫面的特殊事件上有所幫助。

三、遵循傳統電影鏡頭的法則

動畫準則的延伸過程中，發現鏡頭的某些表現也符合傳統動畫準則的思維，愈是重要的角色動畫準則對虛擬攝影機運鏡的影響愈是明顯。譬如說，在「壓縮與伸展」（Squash and stretch）方面，當鏡頭角度有所改變，壓縮或伸展就會直接反應在畫面中，影響到視覺感受，並間接傳遞更多隱喻訊息，讓整體畫面表現更富趣味性。在「預期性」（Anticipation）的表現方面，藉由畫面透露訊息，讓觀眾容易產生預期性心理，爲接下來的動作或畫面有所準備或是預先設想在「誇張」（Exaggeration）的表現方面，善用（Exaggeration）極遠景與極特寫鏡頭。因此，在影片中就會呈現出較誇張的視覺效果，畫面的表現性也更加誇大；而在連續的鏡頭中，若出現鏡頭尺寸大小差異很大的畫面，也是誇張表現的應用。相同的，鏡頭角度的變化、鏡頭觀點的切換與鏡頭運動的速度等，都可以做出誇張的表現，藉以突出故事劇情的重點元素，彰顯鏡頭畫面的特色，同時抓住觀眾的目光。在「次要動作」（Secondary action）的表現方面，以較細微的運鏡動作來輔助主要運鏡，藉以增加角色表演的眞實感。許多鏡頭所使用的攝影機運動相較於畫面中的動態，都只有小幅度的擺動，但這個小動作，即符合次要動作的表現，讓畫面始終聚焦於主體對象上，並加強觀眾臨場的感受。

3D電腦動畫擁有複雜的技術及便利的工具，足以做到各種顚覆傳統的視覺表現，然而發現到3D動畫電影在鏡頭的使用上，雖然有一些較誇張的運鏡及表現，大致上仍是循規蹈矩地遵守傳統電影中的鏡頭法則。針對鏡頭畫面的方向性，傳統電影鏡頭有所謂「180度假想線原則」（180 degree rule），也有人稱爲「動作軸線」，主要是在人物的動作表演及對話時，規範其攝影機的擺設，讓相同的角色維持一貫的螢幕方向與空間，以免產生視覺方向的衝突。

另外，鏡頭的拍攝要有明確的目的性，不同種類的鏡頭所表達的意涵與情感都不相同，因此使用上必須經過審愼的設計與安排，得以展現各種鏡頭的功能與視覺效果，從各類型鏡頭的運用及表現情形就可以證明。虛擬攝影機雖然可以打破許多傳統的鏡頭法則，保留那些基本的法則與規範，這與主打絢麗畫面的3D遊戲動畫或特效大不相同，後者就是極盡所能去突破傳統思維的極限，挑戰視覺的新體驗。然而3D動畫的中心主旨，還是在把故事說清楚，將訊息傳遞出去，並展現角色動畫的魅力；鏡頭是其表現的語言，透過虛擬攝影機要呈現給觀眾的，不是絢麗的運鏡、多變的鏡頭運用，而是去感受畫面內在的張力。Patmorer就在書中就表示：觀賞影片時，不讓觀眾察覺到攝影機的存在，就是鏡頭最成功的表現。

四、鏡頭觀點運用的表現法

影片中每一個鏡頭都表達著一個觀點；攝影機的擺放、鏡頭的剪接和畫面的構圖等等……，都能創造出不同的觀點、詮釋不同的想法，並給予觀衆不同的感受。觀點決定敘述者與敘述對象之間的關係，換句話說：事件是透過誰的眼睛去看的。鏡頭的觀點（Point of view），簡稱POV，經常被稱爲敘事姿態，對觀衆而言，它通常是隱形的。但是它累積的變化所呈現出來的效果，能夠詮釋任何場景，深深地影響著觀衆。鏡頭的觀點是好萊塢經典電影語言的重要技巧，能夠建立起影片敘事的幻覺，使觀衆完全沉浸其中，因此，觀點的依據和邏輯性對於故事敘述的流暢是非常重要的。然而，這卻往往被忽略掉，淪爲技術上或影像關注的意外結果，甚至僅是被任意操縱的結果。若由拍攝的視角出發，能簡單區分爲主觀與客觀兩種鏡頭觀點，定義如下：

（一）主觀鏡頭（Objective shot）

主觀鏡頭最個人化，互動性也最強。攝影機透過被攝對象的視線所看出去的畫面，就被稱爲是被攝對象的主觀鏡頭。這裡所謂被攝的對象不一定要是人物角色，一切的物體都能夠有主觀鏡頭。也由於主觀鏡頭「擬人化」的特色，很容易增強觀衆的參與感及注意力。

（二）客觀鏡頭（Objective shot）

攝影機並沒有從特定人物的視角來觀看，而是被放置在一個相當中性的位置，也被稱作「觀衆的觀點」，因爲它對事件的看法並不是來自影片中任何一個人的觀點，是客觀而非個人的。客觀性角度就是依據一般人日常生活中的觀察習慣所進行的旁觀式拍攝。觀衆是被動地、旁觀地看著畫面發生的事件，是最爲普遍的拍攝角度和方式，畫面平易親切、貼近現實。在小說形式當中，敘事的觀點一般分爲四種：全知觀點、第一人稱、第二人稱、第三人稱。電影鏡頭與小說敘事的觀點是相似的概念，但不同於文學中明確而單純的觀點，影片中鏡頭的觀點是多樣且多變的。趙春秀在2007年所發表的期刊論文《電影敘述視點舉隅》中，將電影敘事的觀點分爲「無限制型視點」與「限制型視點」兩大項，後者又細分爲三類。考量到好萊塢動畫電影中的敘述觀點並不複雜，經整理與篩選後，將鏡頭敘述的觀點概略分爲以下三種：

1. 第一人稱觀點（First-person POV）

鏡頭是透過角色的眼睛來看待事件，也就是故事中的「我」。在電影中第一人稱觀點通常用來表現一段故事的追憶或回顧，並且往往會加上旁白自我講述。

2. 受限制的第三人稱觀點（Third-person POV）

受限制的第三人稱觀點就像是一位以旁觀者的口吻在敘述的鏡頭畫面，這是好萊塢電影中普遍的敘事風格，但很少單獨使用，多與全知觀點交互使用。

3. 全知觀點（Omniscient POV）

全知觀點的鏡頭可說就是導演的意識，攝影機可以上天下海，甚至進入想像空間或人物的內心世界，並能展現一個事件的多重看法，引導觀眾有更多的想法。

五、鏡位取向的逆運動學法

逆運動學（Inverse kinematics）是決定要達成所需要的姿勢所要設置的關節可活動對象的參數過程。例如，給定一個人體的三維模型，如何設置手腕和手肘的角度以便把手從放鬆位置變成揮手的姿勢，這個問題在機器人學中是很關鍵的，因爲操縱機械手臂通過關節角度來控制。逆運動學在遊戲編輯程式和三維建模中也很重要，雖然其重要性因爲運動捕獲數據的大型資料庫愈來愈多的使用而降低了。

以關節連接的物體由一組通過關節連接的剛性片段組成，變換關節的角度可以產生無窮的形狀。正向運動學問題的解決，是給這些特定角度時物體的姿勢。「逆運動學問題」更高難度的解決是給特定物體的姿勢時——例如，給特定終端效果器（end-effector）的位置時——找到關節的角度。一般情況下，逆運動學可以通過非線性編輯程式技術來解決。

第四節　3D角色動畫表現性

3D角色動畫也稱之爲角色三維動畫。3D角色動畫是通過寫實、抽象等不同的表現形式，模擬或創建現實中存在或是不存在的生物體，角色是人物或是動物，造型根據3D動畫的主題內容進行創作，比較注重角色的形體比例、肢體語言、面貌表情，賦予符合角色主題的造型與靈魂；嚴格、逼眞的設定角色的運動、型態、動作等元素的能量，使之成爲活靈活現的生命體。3D立體動畫，是指具有立體感的三維動畫，通過專用眼鏡或者裸眼觀看，相對於普通的三維動畫更加引人關注，而立體效果在角色三維動畫、3D動漫製作中，更具有親和力以及震撼力。以3D動漫製作形式的三維角色動畫廣泛應用在產品演示動畫、三維遊戲、三維廣告動畫、3D影視動畫製作中。

角色在三維動畫等影視製作作品中的一個主要特點，就是他們可以通過各種表演、聲音及表情達意來傳遞思想與情感。角色動畫是以三維虛擬的人物、動物爲主要形象，來演繹動畫世界的悲歡離合、喜怒哀樂，折射現實生活中的花花世界。在動畫中，「誇張」是用來使角色比現實中更大，這有助於角色的動作、情感流露和戲劇化姿勢。動畫師通常想使角色表現得更爲憤怒、更爲沮喪、更爲快樂等等……，以盡可能清楚地向觀眾表達角色的動作和情感。誇張還可以用來定義動畫的風格和角色的個性。誇張不是在所有的情節中都可以使用，如果場景比較眞實，動畫師就不應該做這麼多誇張。但是如果場景是爆炸、滑稽而歡快的，動畫師就要考慮多一些誇張的動作和姿勢。

一、傳統動畫進化電腦動畫

動畫製作技術的發展相當於19世紀電影攝影技術的發展，在這一時期，由於有許多人所做的工作，都可以歸類爲動畫作品的創作，所以我們很難找出一個單獨的人，做為電影動畫的創造或是發明者。但可以把透過他們使用的手段，來將他們歸於某些動畫製作技術的先驅。

最早的定格動畫廣告電影是亞瑟．墨爾本．庫伯（Arthur Melbourne Cooper）拍攝的短片An Appeal（1899），裡面混用了定格動畫技術。而喬治．梅里愛（Georges Méliès）做為電影特殊效果的創造者，在他的電影作品中混用了定格動畫技術。這項技術是在他拍攝電影中因為一次意外偶然發現的，對後來動畫的推進有很大的作用，同時也被大量的用於早期電影中表現一些特殊效果。再者為布來克頓（J. Stuart Blackton），可能是美國電影製作者中最早使用定格動畫技術，以及手繪動畫的人，他的作品如《奇幻的圖畫》（The Enchanted Drawing, 1900）結合了圖畫和影片，他另一個作品《幽默面孔滑稽表演》（Humorous Phases of Funny Faces, 1906）則通常被認定為世界上第一個眞正的動畫作品，而布來克頓也被認為是第一個眞正的動畫師。在隨後的時間裡，更多的藝術家開始涉及動畫領域，其中包括溫瑟．馬凱（Winsor McCay），他是細節動畫（detailed animation）的發明者。這種類型的動畫因為工作量巨大而需要多個動畫師合作來完成，同時還要花相當多的時間來重視動畫的細節。

（一）傳統動畫（Traditional animation）

傳統動畫（Traditional animation），也被稱為手繪動畫或者是賽璐珞動畫，是一種較為流行的動畫形式和製作手段。在20世紀時，大部分的電影動畫都以傳統動畫的形式製作。傳統動畫表現手段和技術包括全動作動畫（Full animation）、有限動畫（Limited animation）、轉描機技術（Rotoscoping）等……。

1. 全動作動畫

全動作動畫又稱全動畫，或者是全動作動畫（Full Animation），是傳統動畫中的一種製作和表現手段。雖然從字面上來看，全動畫是指在製作動畫時，精準和逼眞地表現各個動作的動畫，但同時，這種類型的動畫對畫面本身的質量有非常高的要求，追求精緻的細節和豐富的色彩。所以這類型的作品往往擁有非常高的質量，但製作時也非常的耗時耗力。在早期沒有用到賽璐珞的時候，有的作品在製作時甚至要非常精確並且不斷地重複繪製作背景。所以有時製作這種類型的動畫，將會是一個非常龐大的工程。迪士尼有很多的早期動畫作品都是這方面的代表。

2. 有限動畫（Limited animation）

有限動畫（Limited animation）又稱爲限制性動畫，這是一種有別於全動畫的動畫製作和表現形式。這種類型的動畫較少追求細節和大量準確眞實的動作。畫風簡潔平實、風格化，強調關鍵的動作，並配上一些特殊的音效來加強效果。這類型的動畫在成本、時耗等各個方面都比全動畫低很多。有限動畫改變了過去的動畫風貌，開創了新的動畫藝術表現形式。這種形式的動畫在製作上相對粗糙，但便於大規模製作，並將表現中心從畫面移動到講故事上，所以非常適合於製作電視動畫，以致於這形式的動畫在電視大流行時也快速成長，並對日本動畫產生了非常大的影響。早期的日本動畫幾乎全是這種類型。這種動畫後來導致了另一種動畫形式的產生，一種介於全動畫和有限動畫之間的動畫形式。

3. 轉描機（Rotoscoping）技術

轉描機（Rotoscoping）技術早期的動畫是巨大工作量導致動畫製作的時間非常的長。這種技術的原理是將現實生活中的眞實運動對象（比如走路的人）事先拍攝成膠片，然後在膠片上蓋上紙（或者是賽璐珞），然後將這個運動重新用筆畫下來。通過這種類似於轉描的技術可以利用很少的時間畫出非常逼眞的動作以及動畫效果。

（二）電腦動畫

電腦動畫（Computer Animation），是藉助電腦來製作動畫的技術，電腦的普及和強大的功能革新了動畫的製作和表現方式。由於電腦動畫可以完成一些簡單的動畫，使得動畫的製作得到了簡化，這種只需要製作關鍵影格（keyframe）

的製作方式被稱爲「Pose to pose」。電腦動畫也有非常多的形式，但大致可以分爲二維動畫和三維動畫兩種。

1. 二維動畫也稱爲2D動畫。藉助電腦2D點陣圖或是向量圖形來創建修改或編輯動畫。製作上和傳統動畫比較類似。許多傳統動畫的製作技術被移植到電腦上，比如漸變、變形、轉描機等……。二維電影動畫在影像效果上有非常巨大的改進，製作時間上卻相對以前有所縮短，現在的2D動畫仍然使用手繪然後掃描至電腦或者是用數位板直接繪製作在電腦上（考慮到成本，大部分二維動畫公司採用鉛筆手繪），然後在電腦上對作品進行上色的工作。而特效及音樂效果、渲染也是在後期製作時幾乎完全使用電腦來完成。一些可以製作二維動畫的軟體有包括Flash、After Effects、Premiere等……，而迪士尼在1990年代開始以電腦來製作2D動畫。並且把他們以前的作品重新用電腦進行上色。

2. 三維動畫也稱爲3D動畫。基於3D電腦圖形來表現，有別於二維動畫。三維動畫提供三維數位空間利用數位模型來製作動畫，這個技術有別於以前所有的動畫技術，給予動畫創作者更大的創作空間。精度的模型和照片質量的渲染，使動畫在各方面水平都有了新的提升，也使其被大量的用於現代電影之中。3D動畫幾乎完全依賴於電腦製作，在製作時，大量的圖形在電腦工作會因爲電腦性能的不同而改變，3D動畫可以通過電腦渲染來實現各種不同的最終影像效果，包括逼眞的圖片效果，以及2D動畫的手繪效果。三維動畫主要的製作技術有：建模、渲染、燈光陰影、紋理材質、動力學、粒子效果（部分2D軟體也可以實現）、布料效果、毛髮效果等……。

二、動畫動作的時間控制

運動是動畫中最基本和最重要的部分，而運動最重要的是節奏與時間。時間控制是動作眞實性的靈魂，過長或過短的動作會折損動畫的眞實性。除了動作的種類影響到時間的長短外，角色的個性也會需要「時間控制」來配合表演。

電腦動畫製作上，幾乎所有的電腦動畫軟體都是以Key frame的方式來設定人物角色的動作或是物體的行進路線（主要動作）；而由電腦依所賦予的各項參數計算出中間的畫格（連續動作）。主要畫面的設置與中間畫面之間，存在著極微妙的關係。電腦動畫製作上，幾乎所有的電腦動畫軟體都是以Key frame的方式來設定人物角色的動作或是物體的行進路線（主要動作）；而由電腦依所賦予的各項參數計算出中間的畫格（連續動作）。

骨骼動畫是指仿照「眞實」的骨骼結構，建立一個節點樹，每個節點算是一個骨骼的關節，然後在這些關節上指定關鍵影格，透過一些計算來生成中間影格。所謂FK和IK，都是計算中間影格節點位置的方法。3D骨骼需要兩個步驟，一是rigging（綁骨），就是建立一個骨骼框架；另一是skinning，就是把3D模型對應到骨骼框架上。2D骨骼其實是一個比較模糊的概念，可以按照3D這個流程走，進行綁骨和貼皮，但是很多遊戲所謂的2D骨骼並沒有一個嚴謹的骨骼結構（通常也沒有必要），而是直接在「皮」上做動畫。在骨骼基礎之上，用一些拉伸變形的非骨骼技巧也是很常見的。一般分爲：

（一）IK（Inverse Kinematics，翻譯成反向運動）

正向的指定節點位置太麻煩了，根據一些簡單的觀察，發現典型的人體運動是有規律的，關節彎曲的時候會以一個儘量「省力」的方法。IK就是定義一個「省力的標準」，自動生成中間節點的位置。用IK，只需要放置手關節的節點，動畫工具會根據算法自動生成肘關節的位置和方向。因爲大部分IK的實現是基於經驗的簡單算法，所以通常會有一些死角和不可用的情況。想準確的計算骨骼中間節點的位置，需要模擬肌肉和骨骼的biomechanics，在一般的動畫軟體中做不大，也沒多大必要。

（二）FK（Forward Kinematics，翻譯成正向運動）

就是直接指定節點的位置，然後簡單的計算中間影格位置，比如一個動畫師在調手臂的動畫，用FK，他需要分別指定手關節和肘關節兩個節點的骨骼位置和方向。

反向動力學IK和正向動力學FK是對骨骼系統特有的概念，指的是兩種相反的骨骼層級控制方式。舉個典型的例子，在上臂——前臂——手的層級上進行動畫，利用IK我們可以直接動畫手，前臂和上臂會自動調整成合理的角度，這是因爲通過逆向動力學，我們可以計算出上臂和前臂骨骼應有的角度。如果沒有IK，而是使用FK，子物體是無法影響父物體。如果想讓手抬起來的話，就要先抬一點上臂，再抬一點前臂，最後調整手。這種顯然反直覺的動畫方式效率是非常低的。骨骼動畫「並不是一種動畫的製作形式，而是一種製作手段。」目前的動畫物體，特別是有機體，其構成和變形非常複雜，比方說一個由成千上萬個點構成的3D角色。儘管動畫本質上是這些點在空間內做位移構成的，但直接驅動這些點非人力能為。因此我們把運動簡化成骨骼來代表，並把點一一映射到骨骼上。構成骨骼的過程叫Rigging，把點映射到骨骼上的過程叫蒙皮Skinning。

總結一下，「逐格動畫」和「關鍵格動畫」是動畫製作形式。「骨骼動畫」是動畫製作手段，而IK和FK則是基於骨骼系統的兩種相對的控制方式。

因此，量感是賦予角色生命力與說服力的關鍵，如何表現出物體應有的質感屬性？動作的節奏會影響量感，如果物體的動作（速度）和我們預期上的視覺經驗有出入時，將會產生不協調的感覺。在電腦動畫的製作上，修改動作發生的時間是相當容易的一件事，透過各種的控制方式能對Key Frame作相當精準的調整，而預視（Preview）的功能比傳統方式能更快的觀察出動畫在時間上所發生的問題，而能逕行修改。電腦動畫可以一再的重複運作、預視並在最大的範圍內作修正，創作者可以嘗試不同的動作方式、畫面構成，當然，我們還是要強調，好的動畫來自好的設計，每一個動作、鏡頭的位置……都必須是精心設計才有其意義的。（如圖5-3）

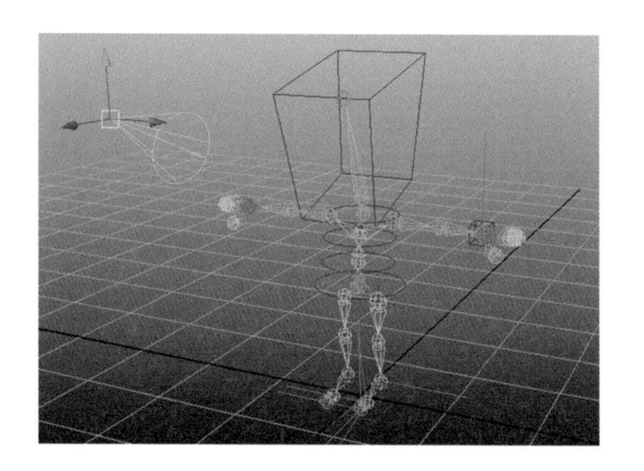

圖5-3

三、角色臉部表情與表演

角色動畫（character animation）在於呈現有生命個性化的角色，是生物或非生物，動畫師都能賦予它們生命，叫它們行動、思考。角色動畫的精髓在於傳達角色的個性與情緒，在角色動畫中，動畫師就像是個演員，必須能夠深入的了解角色，知道角色的動機，才能做出符合角色個性的表演。角色動畫之所以有趣，就在於造型趣味與想像空間。任何的事物都可以有生命力，彼此屬性的不同可以造就不同角色的性格差別，這些角色可能跟我們身旁的人物相似。幽默趣味的表現手法是角色動畫常見到的特色。

（一）人的表情與情緒

1. 情緒的產生

「情緒是一種過程，一種特殊的自動評估，受到演化和個人過往的影響，當我們感覺發生某種對幸福很重要的事，就會產生一套生理變化和情緒行為」；「情緒讓我們做好準備，以處理重大事件，而不需要思考如何反應。」在角色的表演中，動畫師了解情緒的產生，亦可幫助了解故事所發生的事件對角色情緒的影響，進一步對角色的心境有所體悟並且揣摩。其中「過去情緒經驗的記憶」與「想像」是演技方法裡常用的技巧，這些都是情緒表演的途徑。

2. 人的表情

人類的情緒可以透過臉部表情、聲音以及肢體動作來傳達，其中又以臉部表情最為豐富細膩。達爾文（Darwin）認為臉部表情有著共通性，同樣的情緒擁有共通的臉部表情，不必經由學習就能產生，不同文化的人也能透過表情彼此溝通，而天生失聰失明的小孩也能展現與常人一樣的笑容。由此可見表情的確有著共通性，尤其是自發的臉部表情，它來自原始的演化與真實的感受，但會因為後天所處的環境而產生行為上的修飾，表情作為人類溝通及傳達情緒的重要依據。艾克曼發現人的臉部表情有一萬種以上，並且找出與情緒最有關的表情，確定有七種情緒各自有明顯共通的臉部表情，這七種情緒爲：哀傷、生氣、驚訝、害怕、嫌惡、輕蔑和愉快。每一種情緒的用語，代表一組相關的情緒。有強度及類型上的差異，例如，生氣從惱怒到暴怒有強度上的差別，而怨恨、憤慨又有類型上的差異。這些都會清楚顯示在臉上。

角色動畫中，了解表情的功能與情緒的關係，可以幫助了解觀衆所接受到的訊息，因爲動畫師也是透過角色的臉部表情來跟觀衆溝通。臉部表情在普遍共通的原則下，卻因爲個人環境的不同而有所差異。掌握這些差異其實就是角色個性所在，不管是怎麼樣的表情反應或是行爲修飾，都能反應出角色成長的環境或當下的處境。臉部表情的展現相當細微，所以在表演上絕不要忽視任何一個精采的角色。

（二）角色的表演方法

演員的演出主要是透過臉部表情、肢體語言、聲音，來表達出劇中人物角色的情感。許多好的演員擅長變換自己的臉部表情，以符合劇中人物的情緒，這就是所謂的「演技」，演員需有「數百張臉」才能成功詮釋角色達到完美的演出。而演員要如何能夠掌控這些臉部表情？如何揣摩角色的情緒做出適當的演出？英國的劇作家希爾（Aaron Hill）在其《表演藝術》（*The Art of Acting*, 1746）一書中，列出臉部所能傳達的十大基本表情：喜悅、驚奇、愛、憐憫、嫉妒、害怕、憂傷、生氣、鄙視、恨，並一一描述其表情，演員必須能夠收放自如掌握這些表情，才夠資格開口說話。但一種情緒怎麼有可能只用一種表情來傳達，此種方法只會扼殺演員的才華。那麼究竟有什麼方法可循？訣竅之一在於思考。英國電影演員米高·肯恩說「只要思索你所扮演角色的思考過程，你的臉上自然會表現出應有的表情。」演員思考角色內在思緒，讓念出來的臺詞彷彿是發自內心，讓身心都在扮演該角色。對於角色動畫而言，動畫師就像是個隱性的演員，雖然不必面對觀衆與攝影機，但是專注與思考角色的過程是不可少的，也就是說，動畫師對於故事架構與角色說話的情緒跟反應都要清楚知道。

表演方法雖然多樣，但就如所有藝術的表現一樣都是先從「模仿」開始，而模仿則要先對對象進行「觀察」。「如果說演技是一種長時間的努力過程之最後的結果，那麼觀察就是其中重要過程之一。」「創作者應具備觀察力、欣賞力、天才、技術、意志和自由的生活。」觀察那些讓你震驚、喜悅，甚至無聊或不耐煩（也是一種情緒的營造）的事，讓它成爲一種技巧，來幫助角色演出與說故事。

四、電腦動畫中的角色臉部表情控制

在電腦動畫中，臉部表情的控制主要有以下幾種方式：

（一）Interpolation

按照人的頭部構造進行布線來製作臉部模型，並利用設定關鍵畫格（Key frame）的方法，計算模型上的點（Vertex）在關鍵畫格之間所產生的位移，這是最簡單也最容易達到理想效果的方式。此方法需要對人的各種臉部表情做完整的描述定義但相對效率較差。由於動畫人物的造型與動作演出需要表現出誇張的趣味效果，使用內插法比較能掌握到誇張的效果呈現。

（二）Parameterization

直接控制參數產生人的臉部表情。在此，臉部表情被分爲二種參數，爲表情參數（Expression parameters）與構造參數（Conformation parameters）。這些參數分別定義了開眼、閉眼、下顎轉動、臉部以及五官的形狀變化等……，此種方法相對於一些以物理性質爲主的動畫技巧來得簡單且計算速度快，但對於複雜細微的表情則較難呈現。

（三）Muscle based simulation

人的臉部是由一堆頭骨、各種肌肉與表皮等生理構造所組合而成的，若是能夠利用電腦模擬這些肌肉在人臉上分布與運動的情形，那麼只要去影響肌肉就能夠產生各種表情。Keth Water於87年首先提出以肌肉爲理論基礎的研究。他將臉部肌肉畫分爲三種類型，即：線性肌（Linear）、括約肌（Sphincter）、薄片肌（Sheet），並利用數學程式來模擬此種肌肉的運動模式。目前的肌肉法都是利用簡化的幾條具有代表型的肌肉再加上臉部表情的演出以達成動畫的目的。此種方法主要運用在表現眞實人物的表情，但要做到完全寫實仍有困難度。

（四）Performance based simulation

由眞人演出的動作控制技巧，在臉上裝設感應球（SENSOR），由多部攝影機捕捉動態資料，進入電腦轉換爲數據資料，以產生眞實人物的表情。由於眞人的演出，表現效果屬於寫實的動態，相較於誇張的動畫動態效果，是完全不同的風格詮釋。（如圖5-4）

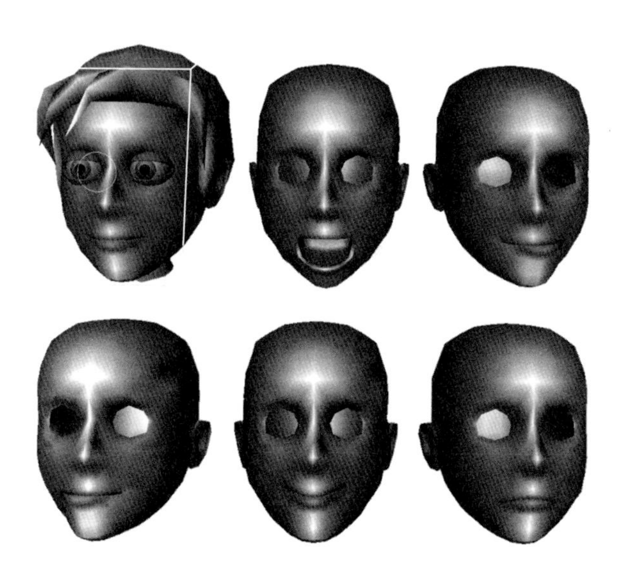

圖5-4　角色臉部表情控制設計。

五、動畫12項基本法則

動畫的12項基本法則（The Twelve Basic Principles of Animation）源自於迪士尼動畫師奧立．強司頓與弗蘭克．托馬斯在1981年所出的《*The Illusion of Life: Disney Animation*》一書。這些法則已普遍被採用，至今仍與製作3D動畫法則有關聯。

（一）擠壓與伸展（Squash and stretch）

主要賦予物體重量與靈活感，藉由擠壓與伸展來強調瞬間的物理變化。 例如一個具有彈性的球，從空中垂直瞬間落地時，球體會被下向擠壓成水平橢圓體，下一個瞬間反彈至空中時，球體會被向上伸展成垂直橢圓體，動畫亦以這樣的方式呈現眞實感，若附加誇張非寫實的變形亦增加動畫的生動與趣味性。

（二）預期動作（Anticipation）

物體從靜止到開始動作前會有所謂的預期動作，可讓觀衆能預知下個動作。例如從高空往下跳躍時會先彎曲膝蓋再跳、正在跑步的人要停止跑步前會逐漸變慢步伐等等……。在動畫中適當加入預期動作不僅可增添生動性，亦可給予觀衆驚喜。

（三）演出方式（Staging）

每個角色都有其動作與表態，構思角色與場景的呈現，使其更接近眞實。畫面所呈現的可能只是角色上半身或者全身、角色以什麼動作去跟背景互動、角色前一個動作與下一個動作的關係等等……，劇情、分鏡、畫面、動作、光影都需要相當的構想，使整部動畫完整。

（四）接續動作與關鍵動作（Straight ahead action and pose to pose）

傳統動畫是由數張畫面連續顯示而構成，近代電腦動畫也是如此，從第一格畫面顯示到最後一格畫面就形成了會動的畫面。接續動作與關鍵動作爲兩種不同的製作動畫方式，接續動作是依照連續的動作從第一格畫到最後一格的方式；關鍵動作則是先定義重要的動作並作畫，再返回關鍵動作之間繪製需要的畫面。接續動作法適用較簡單的動畫，較複雜的動畫則是使用關鍵動作法。

（五）跟隨動作與重疊動作（Follow through and overlapping action）

物體因爲慣性，要移動中的物體突然停止不動是不可能的，因此就有了跟隨動作。例如盪鞦韆，施一力使鞦韆搖擺，過不久後會慢慢搖擺到靜止，慢慢搖擺的鞦韆即爲跟隨動作；重疊動作也類似如此，不過更強調其動作的注目性。

（六）漸快與漸慢（Slow in and slow out）

物體從靜止到移動是漸進加速，移動到靜止則是漸進減速，也就是說物體從開始到結束移動並不會是等速度運動。例如一輛車子不管馬力再怎麼快，開始移動是漸進加速的，停止移動也會漸緩減速。

（七）弧形（Arcs）

凡是具有生命的物體，其移動、動作都不會是完美的直線行進，因此作畫時要以自然的弧形方式呈現運動。例如走路絕不會是筆直的前進、頭部轉動也都是弧形方式。

（八）附屬動作（Secondary action）

主體在動作時，身上若有其他附加配件也會以自然的方式動作，忽略了這些配件動作會使得整體不自然。例如穿戴的耳環會晃動、尾巴會搖擺、外套會飄逸等等……。

（九）時間控制（Timing）

控制好物體的動作時間即是動畫的靈魂，亦是表現動畫節奏的關鍵。

（十）誇張（Exaggeration）

配合前面的擠壓與伸展，加上誇張不符合現實的現象亦是增添動畫的張力。例如在動畫中一個人的臉被揍都會往內凹深得很嚴重等。

（十一）純熟的手繪技巧（Solid drawing）

傳統動畫都是純手工繪製畫面，亦即手繪技巧愈好，動畫呈現就愈精緻完美。直到近代電腦繪製動畫也是需要一定的手繪能力。例如人物結構、骨架、造型、動作、透視、背景等等……。

（十二）吸引力（Appeal）

一部好的動畫作品一定會有吸引人的人事物，例如人物外型鮮明、表態具有特色、高潮迭起的劇情都可吸引觀眾。

第六章　動畫電影的敘事性

第一節　敘事設計概念

敘事（narrative），是一連串某段時間、某些地點、具有因果關係的事件。敘事就是說故事，而故事由具備結構的語言符號，用特定的方式將敘事定義的元素──因果、時間、空間組合而成的，小說被視為敘事的基本原型，對於任何媒體的故事都相當重要。「情節」的概念是從形式學派在小說研究上的一項重要成就，對敘事學理論與分析方法上具有重大的啓發作用。所謂情節是經過藝術安排的故事，即講述故事的方法，將不同材料相互作用所構成的鋪陳，包括了人物的組合、材料的安排、敘述人與敘述觀點的利用與變化等。

根據結構主義文學理論者查特曼所提出之「故事即是屬於內容」的形式（故事的事件），表達的形式為「人物」與「場景」，場景與人物之間可以構成不同的空間，隨著人物與事物、場景、觀點角度等的變化，可呈現不同意識的故事空間。場景則擁有各種不同的功能，作為行動的空間背景、製造氣氛之外，另可以增強人物的情緒感覺，象徵、襯托人物的心境。「時間」分為故事時間及敘事時間，故事時間是指故事內容的時間；敘事時間則是代表敘事者所論述的時間，故事經過敘事者詮釋與再現，而陳述人物之物理時間或心理時間。事件發生的先後次序和時間長度，如倒敘、前敘、時間扭曲等，也會形成不同敘事節奏之處理。

不同的故事情節，會產生不同的場景背景；不同場景空間的呈現與變化，更能顯露故事中人物與環境的性格特性，影響故事發展的意義內涵。場景是故事中塑造整體風格與氣氛的重要角色，與人物完美地達成故事情節的敘述。故事擁有一定的故事結構，而敘述故事同樣擁有敘述的結構，故事敘述事先可由主題出發，逐步發展每個段落子題、題素而完成敘述的結構，而場景本身同時也擁有由主題發展的敘述形式。

羅蘭．巴特的「敘事文的結構分析導論」探討中，其將敘事文分成「事目層」、「動向層」、「敘述層」這三個層次來分析。「事目層」是敘事的基本單位，視為討論敘事文最基本的課題，事目層次構成敘事文的肌理；「動向層」處理的是人物的結構，或是事目層行動者之結構；「敘述層」是所謂的傳述者與聽述者，強調主客觀點的描述和相互授受的對象。

一、視覺敘事

一般而言，當我們在思考關於藝術與文學之不同的呈現方式時，常會被注意到的是藝術形式的展演並不僅僅限於語言與文字的陳述，其獨特之處在於視覺呈現方面。因此，我們將焦點置放於視覺敘事中所呈現者以及其自身所展演的視覺形象，並將其發展爲一種文化批評形式，亦即所謂的「視覺文化」（visual culture）；最後，在文學的敘事基礎上，注意視覺敘事的視覺性。

二、電影敘事

「電影敘事」就是當電影以「記錄性」爲主的寫實呈現進入到以「特定的敘述方式」來敘述故事，並引起人們在觀看時的推想、思索與驚奇時，電影即已具備「歷史敘事」與「藝術方式敘事」等敘事功能。一般而言，電影的敘事方式是在格理菲斯的時代奠定基礎，開始具備「螢幕文法」和「攝影修辭」。

其後，手法不斷更新，使得電影敘事方式豐富且多元。在電影敘事的研究方面，除了有傳統的「對人物、事物和環境做一般性說明和交待的手段和技巧」外，現代電影語言學開創者克理斯丁．麥茨（Christian Metz, 1931-1993）之電影語言研究即是以電影敘事分析的角度切入，因爲電影是一種會講故事的機器，「所謂的電影手法實際上八成仍是電影的敘事法」。因此，麥茨列出識別敘事的五條標準：

（一）敘事確實存在，並且得到它「消費者」的認可，而產生一個「敘事性的印象」。

（二）影片屬於「人類想像的偉大形式」，即使畫面有可能只展現而不敘述。

（三）畫面的特殊身分是根據敘事與現實的相互對立，當我們在思考到這一點時，應將敘事當成一個完成的文本、話語來加以分析。

（四）電影既然是一種會說故事的機器，其敘事必須得透過鏡頭的陳述加以展演、傳達與完成。

（五）但是當我們進一步地推展上述的思考，遇到「畫面展現，而不述說」的困難時，我們如何透過展現者了解其表意與講述？這不僅牽涉到觀看時的理解。拉康的研究也提醒著我們，在思考這個問題時所應當注意的是觀看者的心理活動與作用，甚至可以說電影是「……一個開啓視覺潛意識世界的機械」。

三、動畫敘事

在動畫敘事方面，如果我們接受麥茨之「所謂的電影手法實際上仍是電影的敘事法」此一觀點爲基礎，則當我們說電影是一種「不在場的眞實」時，動畫所呈現的則更是一種「超乎眞實的在場想像」。圖繪方式所表現的動畫，並無法如攝影技術般地再現眞實，或者以一種藉由視覺而得以凝住與釋放、活生生的觸感展現（因此這種再現須以日常生活經驗爲基礎，透過觀看而得以被「召喚」）。但也因爲上述的因素，使得動畫的敘事性比電影所能構作之範圍更加廣闊。動畫所能表達的內容，其題材與彈性原本就比電影所能展現者更爲寬闊，在製作上也比較容易。

當我們仔細觀察電影與動畫兩者之發展，會發現到兩者在初期發展上的時間相去不遠，但是動畫早在攝影術發明之前。基本上電影與動畫的敘事方式是相當接近的，且其敘事之內容與方式除與文學有著「互文」之關係外，兩者之間亦有著「敘事互文」之深厚關係，也難怪日本動畫監督押井守會喊出「所有的電影都將成爲動畫」這樣的話語。

四、影像敘事

隨著影像技術進步，可以說生活處處有影像，影像把社會生活的各方面轉換成了敘事文本，憑借其「視聽眞幻」的魔力向觀衆呈現。家中的電視周圍、影院的螢幕前、掌中的智慧手機上、街頭的大螢幕等等……，人們幾乎一刻離不開、也躲不過影像敘事場。影像敘事是由影像多個層面共同構建完成的。影像技術層是影像表達的最基本要求，包括光影、色彩、構圖等技術元素，是影像的基礎部分；影像表意層面是影像表達的思想層面，它借助於影像的構成邏輯傳達著有關影像之外的意義，是影像的高級層面；而影像敘事層是影像邏輯和結構的最重要部分，也是容易吸引大衆關注的部分，影像的敘事層面具有強大的吸引力，它可以將觀衆牢牢地鎖閉在故事之中，從而完成對觀衆的占有。

透過一連串影像的並置，藉著鏡頭之間的對立在觀衆心底所引起的反應，將故事往前推演，是一種蒙太奇理論（theory of montage）的敘事方式。特色是以「鏡頭」來說故事，或許是一些不相關的畫面來傳達故事的訊息。因此，影像的敘事必須仰賴鏡頭，不僅利用人物、對白來表達意義，而是運用鏡頭取景的情境來達到敘述的功能。

影像中「鏡頭」是最小的單位，透過鏡頭的並置將故事繼續發展，鏡頭的角度和畫面的內容，代表故事中表達的「觀點」，通常讓鏡頭敘述事情簡單、複而不雜，讓剪接製造連續並產生故事的意義。一些鏡頭再開始組成「場」的結構，「場」組合而成的起承轉合從而完成一部影片。

第二節　動畫在實驗與混合媒材之探討

1920年代的實驗影像運動受到歐洲前衛藝術（Avant-garde）思潮影響，帶動了藝術家參與動畫電影的創作，蒙太奇的觀念普遍地被運用，從視覺藝術蔓延到動畫電影，以及來自德國包浩斯設計學院改革理念和實驗藝術規則的影響，爲設計、建築、戲劇和電影開啓了跨媒體藝術整合的道路。實驗動畫的起源可說是從這波跨媒體藝術的整合開始，早期實驗動畫先驅者大多是由畫家出身，受到前衛和抽象藝術運動的觀念影響，他們思考著如何讓繪畫動起來，漢斯·瑞克特（Hans Richter）、維京·艾格林（Viking Eggeling）、奧斯卡·費辛傑（Oskar Fishinger）等藝術家從抽象的概念出發，將繪畫運用在動畫創作上，可說是運用動畫技巧追求藝術新形式的畫家。當時的藝術家們關心如何重塑電影的藝術形式，引進新的美學觀念，並嘗試技術的開發。聲畫同步（Synchronization）技術的發展，成爲動畫家們實驗的重要觀念之一，他們探索影片中音樂和影像之間的關係，以科學研究般精準的原理和態度來從事創作，「視覺音樂的電影，一種新藝術」於是誕生了。

實驗動畫本身即具備了強烈的科學性及藝術性創造的特質，實驗動畫之美學定義具有在形式上、觀念上和技法上之開創性意涵。早期動畫實驗的根據是在探討動畫的本質，從「動作」和「時間」基礎上展開，以實驗的技術和觀念看，有兩個主要方向，爲直接動畫（direct animation）和純粹動畫（absolute animation）。

直接動畫：是指無需透過攝影機來執行製作過程的無攝影機動畫（cameraless），爲直接在底片上用繪圖、刮擦等方式做動畫。另一類型則是指在攝影機底下直接創作，有別於傳統手繪動畫之事先構思好畫面，並經過測試才進行拍攝的過程。直接動畫於創作實驗中，作者常隨著材料的特性即興創作，每一個畫面完成後便無法重新來過，最後只剩下影片膠捲。以砂動畫創作著稱的卡洛琳·麗芙（Caroline Leaf），其創作方式即屬於此類型。

純粹動畫：早期的實驗動畫以抽象動畫爲主，強調「純粹的視覺經驗」，可說是純粹爲音樂而存在的畫面，是觀眾聽到音樂時腦中可能呈現、聯想到的抽象畫面，充分說明了「動畫」的語言本質爲「會動的視覺符號」。奧斯卡．費辛傑可說是第一位重要的抽象動畫大師，他在該領域中創作最久，作品也最多，從研究圖形在空間和時間的變化，到實驗合成聲音技術的可能性，可說是將視覺音樂化——音樂視覺化的觀念推向主流市場。另一位相當重要的實驗動畫家連．萊，除了其爲人所熟知在底片上刮、畫等技巧外，在未發明彩色膠卷前，就曾以黑白片拍攝影像，然後在實驗室裡將底片膠捲上色，對於彩色影片的製作而言，這在當時是極具原創性的手法。另外，暗房重複曝光技術亦開始被運用在動畫創作上。除了在實驗上的開創外，連．萊更大膽地在剪接時玩弄跳接手法，表現出其對電影語言的反思，稱他爲蒙太奇實驗大師也不爲過。

在第二次世界戰後最具代表性的實驗動畫家是蘇格蘭人諾曼．麥克拉倫，他畢生致力於動畫「形式」與「內涵」上的創新實驗，他任職於加拿大國家電影局（National Film Board of Canada）動畫部門期間，開發出許多技術和觀念上的創新，並結合聲音和影像的高度實驗性作品，從對動畫材料的物質性到多種技巧的探索，其中包括延續連．萊的「直接動畫」和「暗房光學處理 」技術，甚至在底片膠卷聲帶中磨刮，製造實驗音響；真人動畫（pixilation）技巧則首次把演員當作物體來拍攝，對於後人在動畫創作觀念及混合媒材使用的啓發上影響深遠。

在尚未發明彩色膠卷前，動畫家在媒材及視覺方面的實驗，以只能表現出光影的明暗層次爲主要方向。法國籍動畫家亞歷山大．阿列塞耶夫（Alexander Alexeiff）和克萊爾．派克（Claire Parker）獨創針幕動畫，他們認爲「動畫電影的演進過程是藝術家藉由表現手法創造出來的加速運動和事件」，針幕上的每一根針就如同鋼琴上的鍵盤，動畫家輕重緩急之間營造出充滿詩意如音樂般節奏的畫面，傳遞出空間的質感及時間的流動感，將純粹藝術和動畫結合，在當時是空前的成就，至今仍堪稱是動畫手工藝術上的極品。

使用沙（sand）在燈箱上直接創作的動畫家有美國的卡洛琳．麗芙（Caroline Leaf）和瑞士的安瑟吉（Ansorge）等人的作品。其中將砂的特性發揮淋漓盡致的，莫過於卡洛琳．麗芙，她最爲人所稱道的是將個人細膩的情感，透過手指流轉間創造出形體及時空交錯重疊的影像所產生的敘事風格，有別於傳統蒙太奇的鏡頭組合，除了靠其豐富的想像力之外，正如她自己所說：「我的創作是盡其所能地去挖掘材料的特性」。這個態度對於一項新媒材或技法的實驗能否成功占有決定性的影響。卡洛琳．麗芙在《街道》（The Street, 1977）一片中將砂動畫的概念延伸發展出在玻璃板上塗墨（ink-on-glass）的流彩動畫技巧，並獲得奧斯卡最佳動畫獎的殊榮。

另外，剪紙（cutouts）混合拼貼（collage）等創作方式也是實驗動畫常用的手法，但有別於一般動畫著重動作的流暢性，剪紙和拼貼動畫呈現出一種對比、跳動的動態美學，亦稱「動力電影」。以此類媒材爲創作途徑的動畫家相當多，其中早期的德國女性動畫家洛特．雷妮潔（Lotte Reiniger），開創出剪影（silhouette cut out）動畫，更以運用連續轉形的巧思和流暢的肢體動作，於平面空間中創造出三度空間而備受推崇。

電腦繪圖（computer graphics）技術一直到60年代才首次被運用在視覺藝術領域，代表性的藝術家有美國的約翰．惠特尼（John Whitney），他早期曾用電影來實驗音畫的關係，並自己發明了類比電腦用來實驗抽象的動態影像。約翰．惠特尼的創作以幾何圖形的變化爲主，曾製作最早由純電腦產生的抽象動畫作品，其電腦動畫作品亦在影像和音樂同步化的掌握方面表現的相當出色，實驗動畫可說是近代數位化「電腦藝術」（Computer Graphics）的前身。

混合媒材的運用於動畫發展的早期階段就已經開始，手繪動畫之父艾米耳．柯爾（Emile Cohl）傾向於用視覺語言來開發動畫的原創性，研發「轉形」（metamorphosis）的技巧，運用圖像和圖像之間的形狀變化達至轉場效果，這樣的技巧無論是使用哪一種媒材來創作，一直爲後人沿用至今。他亦是第一個利用遮幕攝影（matte photography）將眞人影像和平面逐格拍攝技巧結合，創造出新的動畫效果。

近代的實驗動畫作家也慣用混合媒材作爲表現手法，捷克素有動畫煉金師之稱的揚．斯凡梅耶（Jan Svankmajer）是不折不扣的多媒材動畫作家，舉凡寫實影像、眞人表演、實物停格、平面動畫等皆無所不用其極。斯凡梅耶及英國的偶動畫鬼才奎氏兄弟（Brothers Quay）皆不時以眞人影像結合物體或偶動畫來創作出風格奇特的魔幻世界和超現實景像。値得一提的是奎氏兄弟對音樂的使用有其特別的見解，他們摒棄對白，大量仰賴音樂所刺激出來對主題及影像構成的靈感，並從編舞（choreography）的觀念出發，每一道光線、每一個物體的動態以及每一個鏡頭的移動都被視爲是一個創造樂曲韻律的音符，彼此形成不可分割的綜合體，也因此發展出「即拍即剪」的工作模式。

荷蘭籍的葛瑞特·凡·狄克（Gerrit Van Dijk）經常以逐格描繪眞人影像的方式製作動畫，再將其轉化爲另一種視覺風格。受到諾曼·麥克拉倫的觀念啓發，他認爲「動畫片的攝影機不是觀察者，不是去觀察活動的素材，而是讓素材動起來。」並將「動畫藝術一切皆有關於動態」的觀點延伸，結合逐格描繪的技巧發展出動態拼貼（collage in motion）的創作概念，即複製、分解、重組、多重線性及非線性，在動畫美學上提出了實驗性的觀點，也暗示了結合新媒體及影像未來可能的發展方向。

第三節　3D電腦動畫在電影語言的探討

在了解動畫與電影差異之前，首先應該先了解動畫與電影的關係。我們大膽爲「動畫」下了定義：「動畫animation」其實與「劇情片」、「紀錄片」、「實驗電影」這幾種電影類型一樣，是一種電影的「類型genre」。劇作家Bruce F. Kawin說：「動畫是創造靜止物體的運動感，使無生命的東西活化的過程。」查爾斯．所羅門也說：「雖然『animate』這個字在17世紀時已進入英語詞彙中，而且此時也開始在歐美出現了走馬燈、皮影戲、幻燈機等用機械創造出來的活動影像，但一直到20世紀，它才被用來形容用線條描繪拍攝成的電影。」在他那篇《動畫的定義》文章中所提出的看法：「雖然動畫有二度空間、三度空間，以及各種不同的技巧，但他們彼此間共同的地方有兩點：一、它們的影像是用電影膠片或錄影帶以逐格記錄的方式製作出來的；二、這些影像的『動作』幻覺是創造出來的，而不是原本就存在，再被攝影機記錄下來的。」

一、動畫與電影之關係

很多人說電影是一種視覺上的幻象，我們相信自己看到螢幕上是連續、流動的動作，而實際上那是剎那、短暫、急促而不連續的分離動作。我們眼睛之所以會將它們變成連續動作，主要是由於眼睛的視覺特性，以及腦中詮釋訊息的方式。「當人的眼睛離開所看的物體之後，該物體的影子不會馬上消失，而是在人的視網膜上繼續滯留一段時間，這種現象稱之爲『視覺暫留』（Persistence Vision），因爲如果『動畫』的影像未經電影放映機的投射或電子系統的放影，那就不會有動作被看到，也就不會有生命的感覺。動畫中動作的幻覺只在放映的螢幕上才存在。當放映機或放影系統關掉時，這些生命感就不再存在了。且與諾曼．麥克拉倫（Norman McLaren）這位動畫大師的理論不謀而合——「動畫不是『會動的畫』的藝術，而是『畫出來的運動』的藝術。」以及「每一格畫面與下一格畫面之間所產生出來的效果，比每一格畫面本身的效果更為重要。」

因為影像的動作必須依靠一連串單一的靜照連續出現，所以電影的發明一直要到攝影科技有相當程度的發展後才開始，早期的攝影需要相當長的曝光時間，最早期需要好幾個小時，後來也要好幾分鐘，如以慢速之曝光根本無法捕捉動作而製造影像的「動」感。國內學者黃玉珊談及動畫的起源和發展時指出「1888年，一部連續片的記錄儀器誕生於愛迪生的實驗室。原本愛迪生只是想為他新發明的留聲機配上畫面，但他並不是用投影的方式，而是將圖像先在卡片上處理好，然後顯示在『妙透鏡』（mutoscope）上。妙透鏡可以說是機械化的『手翻書』，愛迪生以一套手搖桿和機械軸心，帶動一盤冊頁，使圖像或影像的長度伸延，產生豐富的視覺效果。」這種類似動畫形式的表現方式，可說是電影先驅的貢獻。「1889年，美國人喬治柯達（George Kodak）發明了一種底片稱作賽璐珞（Celluloid），這種底片既柔軟，韌度又強，能夠通過攝影機的快門而曝光，同時其長度又可大幅度增加，使得拍攝的時間亦可相對的延長。」1895年，盧米埃兄弟（Lumiere brothers）首先公開放映電影，一群人能在同一時間看到一組事先拍好的影像。盧米埃兄弟研究愛迪生的放映機和攝影機，並加以改良，成功地研發一種輕便並兼具有拍攝與放映功能的攝影機。

事實上，最早的電影實驗即致力於使「圖畫」運動，動畫的技巧隨著電影藝術的發展，早就不再限於用線條描繪的單一方式而已了。李道明先生說：「現在，人們大多已能了解，動畫其實是一種用電影膠片逐格逐格去拍攝（或曝光），包括賽璐珞片上著色繪圖、線條描繪在紙上、剪紙或膠片、黏土模型、木偶或泥偶、拼沙或移動顏料、人體或物體的停格、甚至直接在膠片上作畫或刮出圖像出來」。從60年代開始，利用電腦產生圖像再用攝影機拍攝電子監視器，或利用電子訊號輸出成錄影或電影訊號掃描記錄下來的『電腦動畫』，不但擴大了動畫的領域，也使得動畫的領域變得更難以捉摸。」這也暗示了不論個別的靜止畫面是用畫的還是實物的照片，它們的動畫即是電影藝術的本質和起源。正如Bruce F. Kawin所說：「雖然動畫能夠獨特地不受到一般電影拍攝現實世界的限制——甚至不需使用攝影機——它終究是一門電影藝術。電影本來就是連串單格畫面的組成，不論24格是在一秒鐘或一星期拍成的，並沒有本質上的差異，它仍是一部電影。然而，黃玉珊針對動畫與電影兩者的觀念上更做了一些澄清：「動畫與電影的發展，雖然在技法和機械的層面上有所交集，兩者一樣經過底片曝光，並且通常是投射到螢幕上，但是動畫的美學觀，其實與電影不同，甚至更爲激進。」又說：「動畫的創作，在觀念上是同時汲取了純粹繪畫的精緻藝術及通俗文化的漫畫卡通而成。這種包含前衛精神與庸俗文化的兩極特性，一直都是動畫吸引人的地方。」

二、3D電腦動畫與電影的視覺語言之差異性

Bruce F. Kawin表示：「電影（motion picture）可被認爲是任何具有運動幻影特性的影像。」我們如果能瞭解電影媒體組成的基本要素，其不同的「語言」方式，最終即能瞭解電影的內容、形式和其他藝術（包括動畫藝術）其實是一模一樣的。而動畫無論是3D或是2D的形式，其原理均與電影有許多共通處，在探討3D電腦動畫視覺語言與電影的視覺語言於特徵上的不同之處，我們致可歸納爲：攝影機行爲、燈光與色彩、場景特效以及演員角色等四項比較：

（一）攝影機行爲

「人類在五感之中尤其依賴『視覺』。概括而言，人類判斷的90%都是依據視覺來作準的，而且該視覺不僅僅局限於『看見事物，判斷其形狀』，具體而言，人類腦袋的結構，通過視覺所獲取的訊息，喚起其他各種各樣的『感情』。」所以談到鏡頭的視覺訊息，不僅僅是指單純地描繪場景或角色，或只是走馬看花幾個鏡頭內的效果而已，而是必須在考慮「要讓觀看者有什麼樣的感覺和想法」的基礎上，進行映像的構築。簡單的說，即是考慮「透過映像要傳達什

麼」，反過來說，因爲希望觀衆產生這樣的感情，所以考慮與此相應的攝影機行爲。攝影機行爲對於整個故事都有深遠的影響，地位非常地重要。

電影的拍攝現場，多部攝影機由腳架固定，以拍攝橫搖（pan）或直搖（tilt）鏡頭；推軌鏡頭（dolly）需架設軌道；升降鏡頭（crane）需有大型的升降機；俯瞰鏡頭需到高處或將攝影機架在直昇機或飛機上；水中場景必須使用耐水壓及具防水裝備的攝影機，拍攝時的危險性較空中時還要高，因爲攝影師必須兼備出色的潛水技術及游泳能力。總之，攝影都必須配合攝影環境的特殊裝置及對應。而3D電腦動畫的鏡頭在與角色的互動上，一般來說可分爲「free」與「target」兩種運動形式。藉由虛擬攝影機高度自由性優勢，擺脫平面動畫或實際攝影的限制，可在場景中依任意位置、角度、高度、焦距長短等等變化來配置，加上虛擬軌道（path）的運用，足以展現視覺上更寬廣的創造性與戲劇性。

（二）燈光和色彩

電影中不同的色彩、形狀、質感，都會反射和吸引不等量的燈光，而不同的光源種類、色彩、位置、以及數量，也都會造成畫面給人不同的感覺，以及導演想要表達的視覺訊息。Louis D. Giannetti對於寫實主義與表現主義的導演亦有其對電影中燈光的看法：「寫實主義者喜歡用明顯的光源如窗戶、燈架來打燈，以除去人工化和高反差效果。簡言之，寫實主義導演不喜用『戲劇性』的燈光，除非該景有明確的光源。……表現主義導演則較偏向象徵性的暗示燈光，他們常常以扭曲自然光源的方式強調燈光的象徵性。」燈光的打法有時比被攝物還要重要，爲了拍出所要表現的效果，就必須考慮不同照明的因素，奧居晃二對於lighting做了以下的闡釋：「照明是指照射在物體被拍攝的光，並非指簡單照射出來的光。是一種爲了把握構想中微妙的明亮與色度而採取的一種手法。一般人在進行拍攝時，不論是否有意識，便隨心所欲地拍攝，那樣隨意拍攝的話，效果多會令人心灰意冷。所以要拍攝理想的圖像，照明是必要的。」人的視覺細胞只能感應三種色光，那三種顏色便是被我們稱之爲「色光三原色」——紅（R）、綠（G）、藍（B）。電影的攝影與放映，均是利用光的原理而成。在電視及電腦螢幕上所見的色彩，便是紅、綠、藍三色的螢光體所發出的顏色互相混合，來展現各種不同的色彩。

拍電影所花費的時間大部分都耗費在調整每個鏡頭複雜的燈光，電影拍攝的過程中，常受當時環境的限制和氣候的影響，而必須適時增減或調整所需之光源。必要時，就需在鏡頭前或燈光前加上有色濾鏡或效果濾鏡，以統一影片色調或影片風格，有時鏡頭和鏡頭之間為求連戲，也需等候氣候相仿的時候才能開拍，否則便要耗資打造模擬室外場景的攝影棚。

3D電腦動畫的燈光與色彩是主導影像視覺與氣氛最具影響力的因素，虛擬的燈光如同虛擬鏡頭一樣不受環境限制，有其靈活的運用方式，包括光線的強弱、光源的形式（平行光、點光源、聚光燈及體積光源等等……）、光源的位置、數量、色溫、色調等等……，均可透過參數設定，模擬出現實環境的光影氛圍，甚至於表現超現實性的視覺語言。因此，迷人炫目的光影變化也就成了3D動畫與手繪動畫最大的不同點。色彩與光影的設定上，基本上也是通過紅、綠、藍三種顏色的計算，按光的強度，每個色光的値是從0～255，在此範圍中我們可以隨心所欲地改變數値加入計算，以獲得想要的顏色。在3D CG的model材質、反射光、環境光等等的計算，還要包括Ambient、Diffuse、Specular等等成分的細部設定，都會直接影響到色彩的控制。

3D電腦動畫中的照明（在此簡稱之為3D CG lighting），除了部分就像前面所講述的原則為基礎之外，還加入了電腦算圖、物件材質等等的因素。奥居晃二指出：「當光線穿越物體的表面和進行反射的時候……，在現實世界中物質不僅能作理想的完全反射和穿過、完全的擴散反射和完全穿過，當中還持有中間的性質，而這些微妙的組合才是辨別物質素材感的重點。」在CG世界中，製圖的計算本身便包括了光的計算，基本上，最具代表性的3D CG lighting的種類可分為：平行光源、點光源與聚光燈（spot light）三種。就應用形式來分類（以Softimage XSI此3D CG軟體為例）的話，又可分為面光源和線光源。

除了以上所述之基本光源之外，3D電腦動畫亦可將光源製作成各種效果，例如製造出在空間中充滿灰塵和氣體的效果，使我們看到光的「體積」，或者在畫面上加入強烈的光源，以濾鏡效果模擬因透鏡而引起的重疊影像及光斑。隨著技術的進步，無論是角色或場景，都可藉由3D電腦動畫來表演及重建，使今日電影中的眞實與虛擬已經無法使一般觀衆分辨。合成上述之所以不露痕跡，燈光確實是很重要的關鍵，因爲合成的畫面如果在3D CG中所設定的光源與電影中眞實場景的光源有所不同的話，便容易使電影「失眞」。因此，在不斷要求更高層次的電影畫面效果中，就必須考慮到將攝影時的lighting設定重現在3D場景中。

（三）場景特效

現今的許多電影都會加入大量特效，由於許多因素的考量，導演會選用3D電腦動畫來製作電影的特效，3D動畫與電影中實際的映像做合成來達到劇情腳本的要求，尤其是表現在科幻電影上。在電影特效方面，必須借助許多設備與道具，以及動員許多人力來模擬自然景觀的變化。在特效處理上也相對增添了許多危險性和變數。

而3D電腦動畫中以電腦模擬大自然的特效，如太陽光、月光和雷、電、雨、露、雲、霧、霞、嵐，甚至彩虹與流星、極光等……，皆可用軟體內的特效功能一一製作出來，其餘天候、環境、災難等等……，均有絕對性的掌控。「在配置這些效果的時候，一種近似『造物主』的感覺就會油然而生。」如今在電腦繪圖界已凝聚許多電腦藝術家和動畫師共同創造出可令人信以爲眞的數位版海洋、森林、山脈、龍捲風和雪崩，其造成的影響不可謂不大。在電影中能夠延伸動畫家的創作力及凝聚群衆的視覺效果，特別是在花費較大、具危險性及一些在眞實環境中不可能拍攝到的景境。

（四）演員角色

電影中的動物角色，影片製作人大口孝之說：「要讓動物有所謂的演技，事實上比訓練人類要來得困難許多。」也可能會演變成實際加諸於動物身上的虐待行爲；另外，則是以眞人套上動物的毛皮，模仿動物的叫聲及動作來飾演動物，如電影《大金鋼》（King Kong）。在眞人的演出上，由於許多因素的限制，即便使用替身演員，仍無法突破人類體能上動作的極限，在劇情的安排上就必須靠道具來輔助，或以剪接的技術來達成。如《臥虎藏龍》一片許多武打場景，演員必須吊鋼絲演出飛簷走壁的特技，再於後製階段將畫面中的鋼絲修掉。至於其他物件的角色，陳美鳳指出：「事實上，動畫技巧除了手繪之外，還包括泥塑造形、傀儡紙雕成形，甚至現今流行的電腦繪製的3D造形等。」

擬人化的角色，如電影《阿凡達》中所有會動、會說話、有情感表現的人物。由於劇情本身是現實中的幻想，所以視覺動作也比較誇張化及不合理化。或者常在實驗動畫影片中出現的幾何造型角色，以及在3D遊戲中虛構的怪物等，充滿大量超現實風格的視覺處理。其他諸如戰爭片中的潛水艇、飛彈、戰機、人造衛星、太空船及機器人等等……，均可屬此範疇。另外，亦可用「高速光電式3D掃描系統」將現成物體掃描後輸至電腦，成爲數位模型。這些數位化的物件存放在電腦中，並不會因爲時間的流逝而變形、衰敗或死亡，反而可以完全無限量地複製，藉由此等特性，複製出來的數位演員、物件及場景也常被重複地運用在許多動畫及電影的續集中。

現今電腦動畫影像與電影影像的結合已是可知的趨勢，陳啓耀的研究認爲：「目前最常用的新手法就是3D動畫影像元素與實際眞實場景或人物彼此合成，依照鏡頭運動與主角行爲在實際的環境配合之下產生了生動的虛擬影像，並建立了眞實與虛構共融的美學意象。」例如電影《少林足球》，其動畫指導Ken Law表示，在最尾一幕片長只有一分多鐘的畫面，卻耗時兩個月製作。一分鐘的畫面中，由一位女士以內功泊車、清潔工人以劍剪樹、一班西裝人士以輕功跳上巴士，乃至男女主角的大型掛牆海報，One Shot加上Motion Camera拍攝，拍攝的手法與技巧固然高，對電腦特技的要求更高。另外，經由電腦特效的幫助來達成不可能完成的畫面，例如片中的足球場將現場最多僅3,000人的觀衆，用一部名爲Motion Control的電腦控制攝影機，拍成現場40,000名觀衆的浩大場面，再用多重layer，將所有素材合成，經典場面由此而生。

第七章　3D電腦繪圖未來趨勢

第一節　3D數位藝術化

數位藝術是20世紀人類的一大發明，以人類文明發展史來看藝術與科技早已密不可分了，「所謂『數位藝術』的創作，是經過數位化的過程方式、手段產生的藝術創作，稱爲藝術數位化。因此凡創作過程中以數位化手段製作，所產生的藝術作品即可稱爲數位藝術。舉凡如電腦動畫、電腦藝術、電腦音樂、網路藝術……等，都是其表現的範疇」。

所存在的就是一個3D的世界，電腦繪出的3D畫面直接呈現出人們所想表達的印象，虛擬的影像愈來愈趨於眞實，人們更容易接受如此擬眞的畫面。「擬眞」形成因素包含：人類視覺判斷或生活經驗認知的「擬眞」與影像合成後虛擬物件影響人類視覺判斷的「擬眞」。觀者對於這種人爲的視覺影像「知其虛假卻又信以爲眞」，這完全符合宣傳工作上以圖像爲傳達媒介，以符合人類接收訊息的模式。3D動畫技術演變至今，想要實現任何虛擬的影像都已成爲可能，在設計工作、數位繪圖等各領域使用的融通性及後續發展性非常高，勢必將取代許多傳統的視覺處理方式。

電腦的發明事實上對傳統繪圖影響很大，因爲它又快又省時，而且因爲資訊化時代的來臨，大家一窩蜂的學習電腦，更使得電腦的普及性增加，科學的快速演變已將「藝術」帶至另一個新的美學世界，也顚覆了部分傳統的美學觀念，利用電腦繪圖不光是在繪圖上是一大進步，對其他相關的表現方式也是一種助力，電腦藝術的學習可以增強與其他領域互動的機會，因爲不管是軍事、科技、教育、醫學、工業、商業都與電腦應用息息相關，「但並不是只有運用新媒體創作的作品，才能表達出數位時代的生命與活力。媒材本身與藝術無關，科技只是扮演輔助藝術創作的角色，不代表透過科技就能創造出藝術性。今天很多的數位藝術形式都多於內涵，其實數位時代的影響牽涉到更廣的文化面，藝術家要能夠徹底分析與了解自己所生存的年代，眞正要強調的不是技術而是要活用進步的技術」。科技進步數位力量與影響範圍也因此愈來愈大，科技與藝術互相影響確實是為藝術家與藝術發表創造了一個全新的藝術觀，現在藝術家們正以許多不同的方式使用科技營造一次集合眾人聰明智慧的全球資訊文藝復興。（如圖7-1：映CG雜誌第16期摘錄）

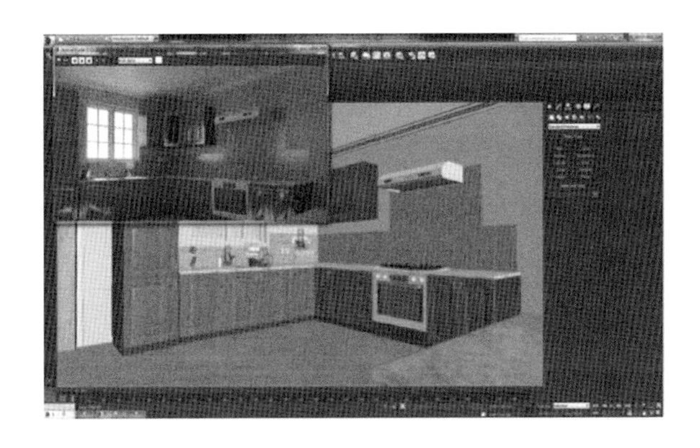

圖7-1

第二節　3D及2D軟體協同運作

時間就是金錢，彩現（Rendering）是在整個動畫製作流程中扮演著讓作品離現實更接近的一個關鍵階段，每個算圖引擎的開發商無不傾全力在優化自身軟體算圖的速度，甚至現在大部分的算圖引擎也都要有具備即時預覽的能力。即時預覽的重要性，提高設計師的工作效率，避免浪費太多的時間在等待算圖，即時預覽也可以滿足客戶各種突然的修改，透過即時預覽的能力，省去許多確認的時間，加快作品的完成時間。

在整個動畫／遊戲的製作流程中，要製作出高品質的作品，不大可能只依靠單一種2D或3D軟體來完成整個專案，所以，不同軟體間的協同工作變得非常重要，如何能無接縫／無痛的方式在不同的軟體間做檔案交換的發展也愈來愈廣泛。例如Autodesk系列軟體之間的物件交換、After Effects與C4D之類的協同作業。

電腦硬體的演進，近年來GPU（繪圖卡的心臟）技術的突飛猛進，例如NVIDIA的CUDA，結合CPU＋GPU的運算能力讓彩現的時間比起以往有大幅的躍進，但所遇到的門檻會是口袋要夠深，才能負擔這些硬體設備，也呼應了上一個原因，用金錢換取時間。（如圖7-2：圖片來源爲該軟體商官方網站所節錄）

圖7-2　運用3D及2D軟體協同運作。

第三節　CG軟體的雲端技術潮流

雲端技術在CG軟體的發展也愈來愈廣泛，從Autodesk推出了360雲端服務、Adobe的Creative Cloud，雲端的算圖農場（Render Farm），甚至最近還有可在網頁上執行的雕塑軟體——SculptGL的出現，都顯示出走向雲端的趨勢。而這些雲端技術的運用都發展出一個共通點，便是透過網路的便利性以及瀏覽器，讓你的工作區域不再受限，可以在家中打開瀏覽器便開始工作了，檔案的交換與專案的審核也變得更加容易。（如圖7-3：圖片來源爲該軟體商官方網站所節錄）

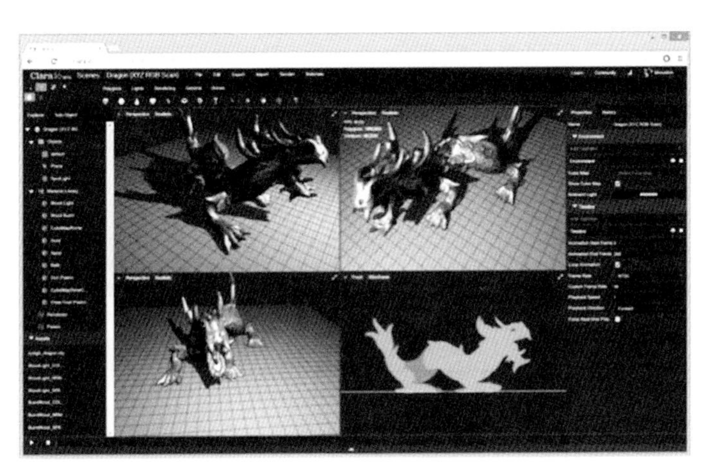

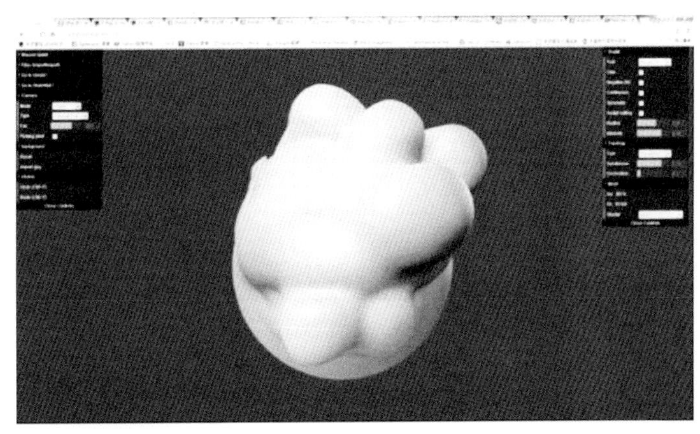

圖7-3

Blender是一個開放源代碼的多平臺全能三維動畫製作軟體，提供從建模、動畫、材質、渲染，到音頻處理、視頻剪輯等一系列動畫影片及遊戲製作解決方案。Blender以python程式語言爲內建腳本，支援yafaray渲染器，同時還內建遊戲引擎。Blender在GNU公共許可協議下已經發布並公開其源代碼，GNU General Public License簡稱GPL，是一個自由軟體許可協議。因此Blender是完全免費的，並且沒有教育版、專業版或商業版之分。Blender創作的藝術品（包含python腳本）的唯一所有權就是創作者。

群衆力量大，憑藉著廣大且活躍的使用者社群，不斷的爲Blender開發、提升各種3D的製作功能，不斷的製作各種專案來讓Blender能符合現代的工作流程，對於未來的電腦繪圖發展趨勢上，這樣一個完全免費卻又能做出高品質的動畫影像軟體，在未來講求低成本開發的市場上會是一大福音。開放原始碼（Open Source）描述了一種在產品的出品和開發中提供最終源材料的做法。一些人將開放原始碼認爲是一種哲學思想，另一些人則把它當成一種實用主義。在這個詞廣泛使用前，開發者和生產者使用很多詞去描述這個概念；開放源代碼在網際網路上獲得廣泛使用，參加者需要大量更新電腦原始碼。開放源代碼使得生產模組、通訊管道、互動社群獲得改善。隨後，一個新著作權、軟體授權條款、網域名稱和消費者提供建立的一個新詞開源軟體誕生。

開源模型概念包括同時間不同時程和方法來生產，相對而言，更加集中式的軟體設計模型，例如典型的商業軟體公司。一個開源軟體開發的主要原則和慣例是易貨貿易和合作的同儕生產，經由免費公開的最終產品、原始資訊、藍圖和文件。開放原始碼（Open Source）指一種軟體散布模式開放原始碼（Open Source）的3D軟體。開放原始碼的定義由Bruce Perens（曾是Debian的創始人之一）定義如下：

一、自由再散布（Free Distribution）：允許獲得原始碼的人可再將此原始碼自由散布。

二、原始碼（Source Code）：程式的可執行檔在散布時，必須隨附完整原始碼或是可方便讓人事後取得原始碼。

三、衍生著作（Derived Works）：讓人可依此原始碼修改後，再依照同一授權條款的情形下進行散布。

四、原創作者程式原始碼的完整性（Integrity of The Author's Source Code）：意即修改後的版本，需以不同的版本號碼以與原始的程式碼做分別，保障原始程式碼的完整性。

五、不得對任何人或團體有差別待遇（No Discrimination Against Persons or Groups）：開放原始碼軟體不得因性別、團體、國家、族群等設定限制，但若是因爲法律規定的情形則爲例外（如：美國政府限制高加密軟體的出口）。

六、對程式在任何領域內的利用不得有差別待遇（No Discrimination Against Fields of Endeavor）：意即不得限制商業使用。

七、散布授權條款（Distribution of License）：若軟體再散布，必須以同一條款散布之。

八、授權條款不得專屬於特定產品（License Must Not Be Specific to a Product）：若多個程式組合成一套軟體，則當某一開放原始碼的程式單獨散布時，也必須要符合開放原始碼的條件。授權條款不得限制其他軟體（License Must Not Restrict Other Software）：當某一開放原始碼軟體與其他非開放原始碼軟體一起散布時（例如放在同一光碟片），不得限制其他軟體的授權條件也要遵照開放原始碼的授權。

九、授權條款必須技術中立（License Must Be Technology-Neutral）：意即授權條款不得限制爲電子格式才有效，若是紙本的授權條款也應視爲有效。

這九項要件在邏輯架構與文義表達上並非十分嚴謹，所以在判斷一份授權條款是否爲符合開放源碼定義時，會有文義之外的解釋產生，或者根本就涉及一項要件是否具有存在必要性的質疑。即使如此，在經過了許多授權條款的審查，以及反覆地公開討論，目前開放源碼促進會對於各項要件均已經有相當具體的審查標準以爲依據。這十項要件在邏輯架構與文義表達上並非十分嚴謹，所以在判斷一份授權條款是否爲符合開放源碼定義時，會有文義之外的解釋產生，或者根本就涉及一項要件是否具有存在必要性的質疑。即使如此，在經過了許多授權條款的審查，以及反覆地公開討論，目前開放源碼促進會對於各項要件均已經有相當具體的審查標準以爲依據。

第四節　3D電腦動畫創造新革命

個人認為電腦繪圖現在正是極巨壯大的時代，尤其是3D，不論是在電視或電影，電腦繪圖的使用率已日趨增長，在1960年代，互動式電腦藝術技術逐漸發展成熟。由於數位化處理儲存資料的技術成熟，同時向量式螢幕技術的發展，以及相對便宜的個人電腦興起，電腦藝術逐漸成為電腦應用的重要發展方向。在1963年，交談式電腦繪圖軟體設計使用後，電腦藝術迅速發展，成為數位科技重要應用的一部分。電腦科技在1950年以後迅速發展，幾乎是在相同時期第一個電腦繪畫的作品展覽，則於1960年在德國由K.Alsleben及W. Fetter共同發表電腦藝術圖像的創作展覽（Frank & Herbert, 1985）。個人電腦在1980年代問世後，數位電腦科技的進步可謂一日千里。隨著個人電腦螢幕展示技術的提升，以及人機介面的發展成熟，電腦繪圖逐漸超越文書處理、試算表、資料庫的應用。在現代科技中，資訊（information）、數位影像（electronic image）、數位視訊（digital video signal）提供多元藝術本質（intrinsic）的特質。電腦應用在藝術創作的表現也逐漸具有多元化的趨勢。近年來，所謂圖像人機界面發展（Graphic user interface; GUI）以及電腦藝術的迅速發展，已經成為電腦的重要發展方向，如何呈現圖像以表達資訊內容，成為電腦科技未來發展的新挑戰（Holtzman, 1997）。電腦動畫創造新式科技，將舊有視覺特效科技加以轉型，帶領電影科技進入21世紀。近年來隨著科技的進步，電腦提供建立三度空間模型的能力。電腦動畫結合三度空間及時間因素於虛擬世界中，而形成動態的視覺效果。電腦動畫在設計史上是被廣泛應用的一種方法，甚至被應用在今日的傳播業及娛樂業。

3D電影是未來趨勢更是歷史新紀元，2009年《阿凡達》的上映在全球掀起3D電影狂潮，它以全球28億美元的成績締造了電影史上新的票房紀錄，讓世人震驚。更在之後的2012年的經典作品《鐵達尼號》以3D版本出現在觀衆的眼簾，一周之內，全球的票房總額就突破了8,000萬美元的奇蹟，這說明3D技術在當今是創造高額票房的一種新方式。3D技術已經成為如今電影發展的大趨勢。

DreamWorks Animation的首席執行官Ieffrey Katzenber將3D電影技術稱之為「電影業70年以來最偉大的創新」。如果說電影業的第一次革命是從無聲電影發展到有聲電影，隨之而來的第二次革命是黑白影片到彩色影片的轉變的話，那麼目前的這股潮流，則是電影技術發展的第三次革命。

電腦科技迅速發展：電影是科技創新的產物，科技的高速進步帶動了電影產業的繁榮發展。在《阿凡達》電影中有近60%的畫面由電腦生成，先進的視覺效果以及全新發明的技術，用於實拍動作畫面與CG合成。導演詹姆斯卡梅隆曾說：「毋庸置疑，是特效公司和數位技術成為內容載體。經濟急速騰飛：概觀現今的電影市場，以『大製作、大投入』作為電影賣點的作品已經愈來愈多，數不勝數的電影製片公司開始加強對電影的投資，期待高投入換來高質量能夠成為吸引消費者的最大亮點。需求快速提高：在20世紀90年代看電影只是為了跟上潮流，而現在，隨著人民生活水平日益提高，觀眾觀念的更新，他們對電影需求的不斷提升也促使著更多的高技術、高含量的3D和影視特效向前發展。3D電影的問世，無疑給觀眾一個新的感官體驗，立體的視覺衝擊。」

3D技術的發展之下，我們的感官得到了震撼，充滿活力的藝術表現力來自於豐富的藝術內涵；在此基礎上才能充分展現3D技術是電影創作上的突出藝術手段。我國3D電影發展的重要基石就是培養出具有國際觀念和臺灣特色的電影人，只因有了他們的開闊視野才能帶領臺灣的3D電影走向世界。總之，在視覺娛樂興起的今天，3D電影激發了人們對電影的需求，必定引領世界的電影發展。我國在這方面需要努力改進的地方還有很多，不斷地學習、不斷地發展才能促進我們在新興電影產業的腳步，使我國快速跟上外國研發的進程，加強3D電影事業的創新革命。

第八章　邁向嶄新的新立體視覺時代

第一節　3D電影原理

3D立體電影（3D film），是使用一種立體鏡視覺顯示系統，再製畫面將左右眼平面投影影像立體顯現成像，令觀衆對影像產生立體深度。技術上通常採用兩臺攝影機擺設，同步拍攝影像，取得主體左右側體的立體感。觀看時，觀衆的視覺皮層會自動對圖像結合爲單一三維影像畫面。現代電腦技術已能夠不採用傳統雙機「拍攝」，而使用CGI電腦特效製作3D電影。欣賞時需要配戴合適的立體眼鏡。

電腦生成圖像爲使用計算機產生的影像，更精確的如應用在影片中的3D特效，還有在電視節目、廣告及印刷媒體中也很常見。在電腦遊戲中常使用的即時運算圖形都屬於CGI的範圍，也有些是用來做過場或是介紹頁面用。在電影院看的是立體版本的IMAX技術。爲營造出立體景深，IMAX 3D採用了雙攝影機及雙投映機拍攝及放映。目前IMAX 3D放映時採用偏光式放映，觀看時以配戴偏光眼鏡來分析立體影像。1936年利用雙鏡頭攝影機和偏振片可以拍出具立體效果的影片，但此技術具有不少限制。之後從RealD 3D等技術發展及《阿凡達》等三維電影流行後，立體影片才進一步被廣泛推廣。

觀看立體電影時，觀衆需要戴上一副眼鏡，鏡片其實是一對透振方向互相垂直的偏振片。其原理是，平時我們只用兩隻眼鏡看物體才能產生立體感，如果用兩個鏡頭如人眼那樣，從兩個不同的方向同時攝下電影場景的像，製成正片。在放映時通過兩個放映機用振動方向互相垂直的兩種先偏振光重疊地放映到螢幕上，人眼通過上述的偏振眼鏡觀看，每隻眼睛只能看到相應獨立的一個圖像，就會像直接觀看時那樣產生立體的感覺。

第二節　立體視覺的構成

我們之所以能感受到立體視覺，是因爲人類的雙眼是横向並排，之間大約有6～7公分的間隔，因此左眼所看到的影像與右眼所看到的影像會有些微的差異，這個差異被稱爲「視差（Parallax）」，大腦會解讀雙眼的視差並藉以判斷物體遠近與產生立體視覺。當觀看者只以單眼來觀看景物時，因爲沒有了視差，所以立體感也會隨之消失。

一、3D立體顯示的起源

3D立體顯示的歷史相當久遠，早在19世紀攝影技術剛起步時就已經出現。做法是將兩臺相機並列模擬雙眼，同時拍下有著些微差異的相片，之後再透過平行視線法、交叉視線法或類似雙筒望遠鏡的專屬觀看設備等方式，讓雙眼分別觀看並列的相片。其方法可分爲兩種如下：

（一）平行視線法：讓雙眼視線平行，左右眼分別觀看左右相片。

（二）交叉視線法：將雙眼視點移至近處（鬥雞眼）讓視線交叉，左右眼分別觀看右左相片。

以上兩種方式不需要特殊的設備就能在一般的平面媒介上觀看到立體影像，不過因爲是以不自然的視線觀看，並不是每個人都能適應，對眼睛的負擔也大，實用性不高。雙鏡筒式的專屬觀看設備可以明確分隔左右眼的視線，不需要讓觀看者自己憑感覺去調整視線來捕捉立體感，因此大多數的人都能適應，這個方式後續也發展爲頭戴式3D立體顯示螢幕，透過左右兩組螢幕讓左右眼觀看不同畫面產生視差以呈現立體畫面。不過上述幾種方式每次只能讓一個人觀賞，並不適合有多人欣賞需求的應用。

二、眼鏡式3D立體顯示

爲了滿足電影等多人觀看需求的應用，因此後續也出現了以特製眼鏡來同時提供多人觀看的各種3D立體顯示方式，並根據運作模式分爲被動式與主動式兩大類。

（一）被動式3D立體眼鏡

被動式3D立體眼鏡指的是眼鏡本身是單純的鏡片加鏡架所構成，不牽涉到任何機械式或電子式的運作。雖然此類眼鏡所採用的技術有很多種，不過基本原理都是透過光學方式讓兩組畫面分別只能穿過左右其中一眼的鏡片，讓左右眼觀看到具備視差的影像。最早問世的是採用紅色與藍色（或紅色與綠色）濾色片構成的3D立體眼鏡，眼鏡本身的成本很低（可使用紅藍玻璃紙與紙板製作），早期的3D立體電影多採用此種方式，分別投射出經紅色濾光與藍色濾光的畫面，再讓觀看者配戴紅藍3D立體眼鏡來觀看。紅藍濾色片方式可適用於平面印刷媒體或是一般顯示設備。

由於紅藍濾色片式3D立體眼鏡有著無法正確重現原本畫面色彩的缺點，因此後續有廠商推出了改良式的「ColorCode 3D」，透過琥珀色與藍色濾色片分別呈現彩色與單色兩組畫面，由於大腦會自動結合雙眼觀看到的影像，因此可以獲得彩色的立體畫面。後續在偏光技術普及後，開始有廠商採用偏光式的被動式3D立體眼鏡。偏光片是透過如百葉窗般排列的矽晶體塗料薄膜（偏光膜）來過濾原本朝不同方向震動的光線，會擋住與偏光膜方向垂直的光線，只讓與偏光膜方向相同的光線通過。由於偏光片只會過濾光線的方向，而不會像濾色片那樣過濾光線的顏色，因此可以完整保留畫面的色彩。

播放時只要使用兩組設備分別透過偏光片投射出垂直偏光與水平偏光畫面，或是使用一組設備搭配可切換偏光方向的主動式偏光片，交替投射出垂直偏光與水平畫面，再讓觀看者配戴垂直偏光片與水平偏光片組合的偏光式3D立體眼鏡，就可以觀看到立體畫面。應用在液晶顯示器時，可使用兩片重疊的液晶面板各自顯示垂直與水平偏光畫面，此方式的成本較高。或者是在螢幕表面配置奇偶交錯排列的垂直與水平偏光片，各利用一半像素顯示垂直與水平偏光畫面，此方式的成本較低，不過垂直或水平解析度會減半。

近年的3D立體電影多半採用偏光方式來呈現。不過偏光方式必須使用特殊的投影機或是螢幕等顯示設備才能呈現，因此並無法適用於平面印刷媒體或是一般顯示設備。

（二）主動式3D立體眼鏡

主動式3D立體眼鏡是透過眼鏡本身的主動運作來達成3D立體顯示效果。雙顯示器式3D立體眼鏡雖然無法提供多人觀看需求，不過仍就算是主動式3D立體眼鏡的一種，運作的原理非常簡單，透過左右眼鏡中配置的兩組小型顯示器來個別顯示左右眼畫面，來達成立體顯示的效果。由於必須配置兩組獨立的顯示器，因此成本較高，而且只能讓單人觀看。因此通常只應用在特殊用途，像是搭配頭部偵測應用在虛擬實境。液晶式3D立體眼鏡是採用主動式液晶鏡片所構成的3D立體眼鏡，運用液晶可藉由電場來改變透光狀態的原理，以每秒數十次的頻率交替遮蔽左右眼視線。播放時只要交替顯示左右眼畫面，再透過同步訊號讓液晶式3D立體眼鏡與畫面同步運作，播出左眼畫面時讓右眼鏡片變黑、播出右眼畫面時讓左眼鏡片變黑，就可以達成立體顯示的效果。

由於液晶式3D立體眼鏡不需要濾色或偏光等特殊構造的播放設備就能呈現，只需要提升播放設備畫面更新頻率及添加同步訊號發送裝置即可，因此可適用於大尺寸多人觀賞需求，是目前最廣泛應用於3D電視等民生娛樂領域的方式。包括PC上由NVIDIA推出的「3D Vision」以及各家電大廠最近狂推猛打的3D立體電視產品，都是採用此方式。

由於畫面是採左右交替方式播放，同一時間內只有一隻眼睛能看到畫面，因此當開啓3D立體顯示模式時，畫面更新頻率會變爲原本的一半。如果只搭配現有的每秒60次更新標準規格時，畫面更新頻率會降到每秒30次，讓觀看者感受到明顯的閃爍。因此目前各廠商所推出的方案都是將螢幕更新頻率加倍到每秒120次，來避免閃爍的問題。液晶式3D立體眼鏡由於必須主動運作，因此構造上比被動式3D立體眼鏡複雜，雖然播放設備的成本較低，不過眼鏡的成本高出不少。以目前主流的紅外線同步方式來說，就必須配備額外的接收控制電路與電池，而且液晶鏡片的交錯遮蔽會影響畫面的亮度。

不過當年的液晶式3D立體眼鏡周邊在設計上遷就於既有NTSC/PAL規格映像管螢幕，遊玩時畫面的亮度低、閃爍感強烈，加上當時的遊樂器完全沒有3D繪圖能力，只能概略呈現具備前後層次感的平面圖層，因此並未獲得市場青睞，支援遊戲款數相當少。

三、裸視3D立體顯示

雖然眼鏡方式能滿足多人共同觀看的需求，不過觀看時必須配戴特殊眼鏡仍舊是個相當大的障礙，各家廠商於是投入不需要配戴特殊眼鏡的裸視3D立體顯示技術研發。所謂的「裸視3D立體顯示」，是指在不配戴任何特殊配件的狀態下以裸眼視覺就能直接觀看到3D立體顯示的效果。雖然基本原理仍舊是讓左右眼觀看不同畫面產生視差來營造立體感，不過前提是不配戴眼鏡，因此必須透過特殊設計的螢幕來達成目標。由於裸視3D立體顯示在技術上仍有許多限制，因此主要用於個人化小型化的顯示用途，如行動電話、數位相機等……，較少用於多人化、大型化的顯示用途，如電視螢幕等……。裸視3D立體顯示根據運作模式分爲如下。

（一）空間多功式裸視3D立體顯示

空間多功式裸視3D立體顯示是在同一個螢幕上，以分割顯示區域（空間）同時顯示左右兩眼畫面（多功）來達成3D立體顯示效果的方式，因此被稱爲

「空間多功能」。

（二）柱狀透鏡式3D立體顯示

柱狀透鏡式3D立體顯示（Lenticular Lenses）螢幕，是在螢幕表面設置垂直排列的圓柱狀凸透鏡薄膜，透過透鏡折射來控制光線的行進方向，讓左右兩眼接受不同影像產生視差呈現立體效果。由於光線在通過凸透鏡時，行進方向會折射而產生變化，因此只要將左右眼畫面以縱向方式交錯排列，再透過一連串緊密排列的柱狀透鏡，就能讓左右眼看到各自的畫面。

柱狀透鏡方式的歷史久遠，應用範圍也相當廣泛，包括平面印刷或是螢幕顯示器都能運用此方式來呈現3D立體畫面，市面上常見的立體墊板等產品就是利用相同的原理所製作。除了呈現立體影像之外，柱狀透鏡還能用來呈現會隨觀看角度變化的影像。由於柱狀透鏡可以在多個角度下產生立體效果，因此可以適用於多人觀看的應用，不過在不合適的角度觀看時會出現影像重疊的狀況。一般的柱狀透鏡是固定貼附在螢幕表面，而且是以單一的方向排列，因此無法切換顯示模式，水平解析度會降爲原本的一半，畫質也會受到透鏡折射的影響，螢幕旋轉90度時就會無法呈現立體感。不過也有廠商研發在柱狀透鏡中注入液晶來改變聚焦特性的技術，可關閉透鏡的折射效果切換成2D模式。

（三）視差屏障式3D立體顯示

視差屏障式3D立體顯示（Parallax Barriers）螢幕，是在螢幕表面設置稱爲「視差屏障」的縱向柵欄狀光學屏障來控制光線行進的方向，讓左右兩眼接受不同影像，產生視差達成立體顯示效果。由於左右眼視線通過柵欄狀視差屏障的角度不同，因此會看到後面螢幕的不同部分，只要將左右眼畫面以縱向方式交錯排列，就能讓左右眼看到各自的畫面產生立體感。

由於是採用遮蔽方式來達成立體顯示效果，必須將螢幕分爲左右兩畫面顯示，因此水平解析度會降爲原本的一半，而且畫面亮度會下降。之外還會還有觀看距離、角度與方向的限制，必須在規畫的距離與角度內觀看，畫面轉90度時就會無法呈現立體感。

四、分時多功式裸視3D立體顯示

時間多功式裸視3D立體顯示是在同一個螢幕上，各切割一半的時間來交替顯示（分時）左右兩眼畫面（多功），以達成3D立體顯示效果的方式，因此被稱爲「分時多功」。指向性背光分時式3D立體顯示，是藉由指向性背光膜搭配左右配置的背光光源，以高速交替的方式分別朝左右眼顯示不同畫面來達成立體顯示效果的方式。由於指向性背光膜可以控制光線射出的方向，因此能將左右畫面分別投射到觀看者的左右眼中。

當螢幕右側的背光光源亮起時，就會透過指向性背光膜射出朝左眼方向的光線，用來顯示左眼畫面。當左側的背光光源亮起時，就會透過指向性背光膜射出朝右眼方向的光線，用來顯示右眼畫面。藉由左右畫面高速交替顯示，就能平順地顯示立體影像。由於指向性背光方式採用分時多功，因此每次都能以面板的完整解析度來顯示畫面，不像空間多功只能以面板的一半解析度來顯示畫面。而且只要左右兩側的背光光源同時亮起，就能切換爲2D顯示模式。不過由於左右眼畫面是以指向性的方式顯示，因此只有從螢幕正面觀看時才能看到立體影像，而且當螢幕旋轉90度時就無法顯示立體影像。

另外，深度融合式3D立體顯示（Depth-fused 3D）是將兩片液晶面板前後重疊在一起，分別在前後兩片液晶面板上以不同亮度顯示前景與後景的影像，藉由實體的深淺差異來呈現出景深效果。由於深度融合式並不像其他方式是以模擬兩眼的視差來產生立體感，而是讓畫面眞正具備前景與後景的差別，能讓觀看者兩眼視線的焦點自然落在畫面位置並感受到景深，因此觀看時眼睛比較不容易感到疲勞。不過受限於前後景重疊時的角度偏移不能太大，因此適合觀看的角度有限，加上需要重疊兩片液晶面板來構成，因此體積較大、成本較高。

第三節　3D立體遊戲的應用

3D遊戲是指以3D電腦圖形爲基礎製作的立體電子遊戲，相對傳統的2D遊戲來說，會帶給玩家更加眞實的遊戲體驗，3D遊戲是指遊戲是以3D技術製成，而並不是指螢幕是以3D輸出，令人覺得有立體的感覺。由於3D立體顯示具備高度的娛樂性，因此很早就應用於娛樂產業，不過由於拍攝、製作與播映的成本高，因此普及率有限。不過近年來3D顯示軟硬體技術逐漸成熟普及，加上電影與家電廠商有計畫的強力推廣，因此自2009年以來一躍而成爲熱門話題。同屬娛樂產業一環的遊戲產業，應用3D立體顯示技術也已經有20多年的時間，從1986年SEGA推出的「3D眼鏡」，到1987年任天堂推出的「Famicom 3D系統」，1995年任天堂推出的「Virtual Boy」，2010年中SCEA預定透過系統軟體更新支援的PS3 3D立體顯示功能，一直到2010年度內任天堂預定推出的「Nintendo 3DS」，可說是相當豐富。

依廣義來說，遊戲載體和平臺區分，電腦遊戲可分爲街機遊戲、電視遊戲、掌中型機遊戲和智慧型手機遊戲等等……。

一、街機

街機也稱爲大型投幣電玩（Arcade），即是流行於街頭的商用遊戲機，以此名稱別於個人電腦和家用遊戲機。街機又可分類爲純粹提供娛樂的娛樂用機臺與會提供獎品的有獎機臺。在臺灣，街機一般被稱爲賭博電玩，在各國政府的管理方式不一樣，有的合法、有的非法。內容部分以機會取得報酬爲主，代表的遊戲有撲克、賓果遊戲機、麻雀遊戲等……。在臺灣很流行的彈珠臺，也可以算是另一種的有獎遊戲機。

二、電視遊戲

一般的電視遊戲，指的是使用電視作為顯示器來遊玩的電子遊戲類型，遊戲由傳輸到「電視」或「類似之音像裝置」的畫面影像（通常包含聲音）構成。遊戲本身通常可以利用連接至遊戲機的掌上型裝置來操控，這種裝置一般被稱作「控制器」或「搖桿」。控制器通常會包含數個「按鈕」和「方向控制裝置」，每一個按鈕和操縱桿都會被賦予特定的功能，藉由按下或轉動這些按鈕和操縱桿，操作者可以控制螢幕上的影像。

三、掌中型機遊戲

掌中型機遊戲一般具有流程短小、節奏明快的特點。由於其目的是供人們在較短時間內（如等車、排隊的過程中）娛樂，所以不會像一般視訊遊戲那樣具有複雜的情節；同時，由於硬體條件的限制，一般掌機的畫面和聲音都不如同時期的家用遊戲硬體，這就對遊戲設計者提出了更高的要求。

四、智慧型手機遊戲

由於大多數早期手機的機能所限制，手機遊戲普遍比較簡單，畫面也比較粗糙，更不要說操作性了（事實上，很少有手機的鍵盤適合玩遊戲的）。因此，益智類遊戲（如俄羅斯方塊）是常見的遊戲類型。目前由於手機以及智慧手機的PDA裝置發展，手機處理資訊的能力增強，漸漸出現了更大畫面、更加複雜的手機遊戲。

第四節　4D影視新時代來臨

一、4D電影概念

3D電影院（通常稱為立體電影）已經具有幾十年的歷史，隨著影娛樂技術的發展和娛樂市場的需求，人們不僅將震動、墜落、吹風、噴水等特技引入3D電影院，而且還根據影片的情節精心設計出煙霧、雨、光電、氣泡、氣味、布景、人物表演等效果，形成了一種獨特的表演形式，這就是當今十分流行的4D電影院。在4D電影院中電影情節結合各種特技效果發展，所以觀眾在觀看4D電影片時能夠獲得視覺、聽覺、觸覺、嗅覺等全方位感受。

4D電影院是從3D電影院基礎上發展而來，而4D電影院的發展非常快速，4D影院的表現形式也根據人們不斷提高的娛樂需求下有了很大的發展，平面螢幕方式的4D電影院正受到環幕方式的衝擊，而新型特技座椅配合動感平臺，又使4D電影院進入了一個嶄新的階段。在進入21世紀後，大直徑、多畫面的柱面4D電影院逐漸成為主流。尤其是柱面螢幕4D電影院的出現，各種動感平臺、旋轉平臺、軌道車也根據劇情進入影院，成為當今發展最為迅猛的4D電影院類型。

二、4D電視概念

我們大概可說4D電視是3D電視的升級版，在原有3D立體顯示基礎上由單一空間的立體顯示升級為空間上、時間上和空間與時間上三種立體顯示模式，這樣可以滿足全家人圍坐在一臺電視機前同時以全屏的形式觀看著各自喜歡的節目而互不影響，使得一臺電視變為了多臺電視。4D電視是利用空間與時間的完美融合而衍生出的一種特殊顯示技術的電視，它融入了傳統的2D平面顯示技術和時下流行的3D立體顯示技術，又打破了單一空間上的顯示方法，首次將時間概念呈現於國人。

隨著顯像技術的不斷發展，過去的電視掃描頻率只有50赫茲，也就是每一秒鐘電視屏幕上出現50次畫面，這樣才會像看動畫片一樣形成動態畫面，電視掃描頻率可以達到原先的十幾倍甚至更多，也就是每一秒鐘電視上有數百幅畫面從我們面前閃過，只是因爲視覺暫留現象我們沒有發覺。4D電視就是將兩套或幾套節目畫面按照一定的順序輪流輸出於屏幕，使兩套或幾套節目幾乎同時在一個屏幕上都以全屏的形式播出，這有點像過去的畫中畫，但區別在於畫中畫是將幾套節目畫面從空間上來分割的，屬於2D電視的功能；而4D電視除了具備從空間上分割畫面的功能外，還具備從時間上分割畫面的功能。比如拿掃描頻率爲600赫茲的兩套節目同時播出的4D電視爲例，是將A、B兩套節目的畫面信號適時的進行採集和編碼後以全屏的形式逐幅輪流呈現於屏幕，先輸出一幅A節目畫面，再輸出一幅B節目畫面，然後再輸出一幅A節目畫面，緊跟著B畫面，就這樣ABABAB……的順序輸出，每秒鐘A、B兩節目畫面分別輸出約300幅，這時在我們看來，屏幕上是兩套節目畫面疊加在一起的效果，此時需要我們配戴特製的對應各自節目的光閥圖像過濾眼鏡將另外一套節目的畫面屏蔽，就可以使我們在一臺電視上同時以全屏的形式觀看自己喜歡的節目而看不到同時播出的另外一套節目，節目伴音則是通過眼鏡上的耳機輸出。

（一）螢幕

從視覺角度講，採用180度的柱面環幕立體影像——它是指螢幕保持在有相同圓心的一段弧度上，而不是一個平面（平幕）上。螢幕的高寬比例爲16：9，柱面環幕3D物體運動影視範圍大爲擴展、開闊視野，擺脫了平面視覺束縛，使影視空間和現實空間更爲接近，並且可以產生橫越、環繞等多種運動方式，從而產生時空變換的感覺。（區別於「平面四維影視」——限制了觀衆的視覺角度，也限制了物體的運動方向。）

（二）眼鏡

針對柱面畫面效果的需要，專門設計和製造了適合於觀看柱面電影的柱面偏振光眼鏡（即「立體眼鏡」）。使觀衆看到的影片左眼和右眼的圖像不同，這樣反映到人腦中的影像就是3D影像，從而創造置身其中的立體視覺空間。

（三）控制

上述各種要件都具備之後，怎樣才能使它們有機、有序的發揮自己的作用呢？這就需要針對不同影片內容專門設計的計算機控制系統來發揮功能了，控制系統的核心是控制軟件，程序工程師根據影片的內容，在準確的時間點設定命令，用以控制放映系統、特效座椅、特效設備、音響系統等開關，使整個4D影院系統構成一個有機的整體，爲觀衆提供全方位的感官體驗。

第九章　淺析國內外動畫產業發展之趨勢

第一節　臺灣目前動畫產業發展之現況

——砌禾數位動畫有限公司／王俊雄 總經理

臺灣這幾年的動畫沒有發展的很好，特效也是。現在因爲軟體及硬體的功能都愈來愈強大，所以讓我們有更多的機會可以跟國際競爭。原本一些高端的技術，像毛紡、水波、布料、肌肉等等……，這些其實都是大公司的專利。現在因爲這些套裝軟體也都具備這些功能，所以已經有能力讓我們跟這些大公司來奮力一搏，他們能做的，我們也能做，只是效果差多少，或者能力跟資源是多少差距，但是大家都已經可以做到；再來，原本需要投入龐大的資金，但是因爲現在硬體的功能也變得更加強大，所以硬體的成本大大的降低，原本要競爭一個100人的團隊公司，可能就要花3,000萬，而現在這個3,000萬的門檻卻沒有了！所以，這給了我們視覺特效跟動畫一個很好的舞臺。加上現在亞洲市場的崛起，這邊的機會變多了！工作機會也相對變得更多，再加上美國、北美包括加拿大還有英國也都要尋求更多的協助，不管是量或是成本上的協助。所以它們也會有更多的機會到亞洲來投資，給了我們更多的可能性跟機會。以臺灣來講，過去這十幾年做得並不好，但這個時間點我們有很好的機會，趕快加緊步伐去爭取這些機會，預估接下來這三到五年的時間，大概就會有一個階段的定型，有機會的公司機會就愈來愈多，沒機會的公司大概就更沒競爭力。主要還是會面臨到市場，所以當然發展的一個關鍵點，就是技術跟規模，這兩個門檻一定要兼具，才會有國際競爭力。

如果沒有技術只有規模，那是最危險的，因爲你沒有接到高單價的條件，而且員工很難成長，所以他們很容易放棄，然後公司的經營上會面臨非常大的困境，甚至會倒閉。如果只有技術沒有規模，可以賺錢，可是長遠來講，公司的競爭力還是不夠，因爲大公司跟小公司接案子的規格就是不一樣，所以一定要規格和技術兩個門檻兼具，這個問題就會少很多了。很多人會怪臺灣市場太小、技術力不夠、沒有資金、政府不幫忙，但嚴格來講，就是做不好，但這些我認爲都不是理由。如果有上述的條件，應該只會更好，而沒有上述的條件，也應該有一定的成績才對，因爲這是一個國際性的產業，也有龐大的市場，在這種前提之下，靠著本身的競爭力，就足以能夠發展。

可是我們回頭來講這個困境，我們市場小，也是一個問題，因爲我們沒有起步的機會跟舞臺。怎麼說呢？國內的市場規模不夠大，不足以撐起規模，也因爲市場不夠大，經濟的效益和利潤價錢就差很大，可是你要去承接國外的工作時，技術跟規模不夠又出不去，所以你面臨在國內沒辦法養成、生成，國外也出不去的窘境。緊接著下來就是惡性循環，無法撐起國內的規格。所謂的電影工業或者影視產業這樣的規格流程以外，因爲無法跟國際合作或學習時，就無法去了解複雜度和技術的門檻，也因爲無法做而做不出來，因此它們就一直往前，它們有東西做、有市場、有舞臺，他們是不斷地做、不斷地進步，更不斷地求精進，而我們卻不斷地在原地打轉，所以落差就愈來愈大。這是我們現在臺灣動畫和視覺特效最大的困境，當然有一些公司已經擺脫了這個階段走出臺灣，所以我們看得出來，有規模的公司一定都是具備或者已經有國外市場的公司，才有可能撐起一個上百個人的團隊，就算是上百人的團隊在國際間的競爭力還是很低的，我們的規模在國際上來說是屬於人數不少，但是不足以成爲第一線的公司，頂多是第二線甚至第三線而已，所以我們有機會在國際上嶄露頭角，有機會跟國際合作，開始從事一些簡單和規格沒那麼高的案子，開始走向國際化，這是很幸運的事。

當然我們還有很大的空間可以成長，這也正是這個產業值得我們深耕的地方，也就是說我們做到這個規模，在國際上還是微不足道的，也因此可見這個產業有多龐大的舞臺跟空間可以讓我們繼續讓臺灣成長。現在最可悲的就是臺灣人永遠抓不到重點，抓不到重點有兩個原因：第一個，凡事都不願意去投資，不願去認識、了解與接觸。

所謂原創的部分，任何人、任何公司都可以做，原創不是說你做原創或者你眞的做出原創才叫做原創，那是原創沒錯，不過一點價值都沒有。爲什麼？不管是一個視覺特效公司或者動畫公司它一定是從5個人、10個、20個、30個，一步一腳印踏實的經營，不可能今天只有一個公司而沒有半個員工，明天卻變成1,000個人，這樣的團隊絕對沒有辦法執行，因爲他們不是一步一步搭建起來的，這就是一個例子。IP也是一個例子，或所謂的原創，李安也是先從小電影一步步拍，拍到喜宴，才變成少年PI的。李安在當導演之前也被老婆留在家裡面寫了6、7年的劇本。所以要成爲一個導演，也是得從小助理或片廠小場記開始，魏德聖也是先當副導演、場記，然後一步步跟上來的。周星馳一樣是從小演員做起，拍了許多戲，看了劇組人員如何操作設備、製片如何掌控預算，因爲製片跟他談預算啊！他中場休息總會跟人聊天，可是他拍了幾百部、上千部電影之後，他對電影工業的流程比我們任何一個人都還熟悉，而且他在看了那麼多故事、演過非常多的戲之後，才變成一個導演的。這樣子的一個養成，才是一個IP。IP不是每一個人都能做的，每個人的特質都不一樣。重點是，產品賣得好很好賺，這點我們每個人都知道，可是產品沒有商業價值，卻一個都賣不掉。所以這是高風險，你賣得好，獲利是幾百倍、幾千倍；可是賣不好，你卻是賠幾十倍甚至幾百倍，就是這個道理。所以他當然有這個資格去享受那麼高的報酬，可是我們看到的都是成功的，失敗的我們都沒有看到。至於製作跟執行的項目呢？這是一個高技術性和高門檻，又需要規模的一個行業，這技術也是要擁有很高的商業價值，很多人不懂也沒有參與過，就說產業不重要，IP才重要，但這個東西是一個價值，一個產業每一個環節都重要，重點是你在一個產業可以扮演一個關鍵的角色，每一部電影都需要導演也需要製作人員，製作人員身價不一定會比導演低，也是有頂尖的技術人員，他們的身價跟聲望是超過導演的；演員也是一樣，有很多大牌的演員，連導演看到都要客客氣氣的，所以這個產業不是原創或者擔任哪個角色就比較高貴，而是你在這個產業能扮演什麼關鍵角色。

所以我要說IP很重要，如果我們可以做IP那當然非常棒，除了IP我們也有很多重要的事情得做，所以我們應該要去找，且去務實地經營適合我們的，去扮演其中的關鍵角色，所以我強調IP非常重要，但不能有一個IP的迷思。我再舉幾個例子，我不是說IP不重要，像蘋果電腦這是一個很成功的品牌，也非常地賺錢，但我們也看到Nokia從全世界最大，到被微軟併購，接著被微軟整個裁撤掉；SONY也是稱霸了幾十年，但SONY近幾年來一直虧損；HTC才好1、2年，但這幾年也在虧損邊緣。SAMSUNG前1、2年很得意，大家均把SAMSUNG當成一個學習對象，但是SAMSUNG在上個禮拜裁員了6千多人，它也在開始往沒辦法維持高毛利甚至於可能擔心會虧損的狀態在掙扎，而手機部門的負責人也請辭。反過來，臺積電是專業的代工以及鴻海專業的代工，他們持續不斷固定的毛利跟獲利，以鴻海來講，現在營收已經到3兆左右吧！它的Gps資本額一千多億，到今年或明年它的Gps都會在10塊左右或者超過10塊，也就是說他一年可以賺超過1千多億。臺積電更多了，因爲它的勞力率更高，掌握全世界超多50%的代工，每年賺的生意，每一百塊賺進來的金額大約是40塊，毛利率非常高，每年替臺灣貢獻的外匯和幫臺灣賺的淨利，應該突破4千億了吧！還有，在臺中有很多做螺絲帽的，這技術再簡單不過，可是他做一個螺帽卻能夠做到全世界市占率超過三、四成，所以IP被一些外行人或者想要從中間去資本市場及想要得到好處的人，可能會一直強調它。

反過來，像郭臺銘擁有團隊、擁有技術之後，回頭你看他，也一樣在做電動車不是嗎？也在做機器人不是嗎？也在光華市場蓋一棟大樓，賣自己的東西不是嗎？聰明的人都會知道以他的優勢爲出發，然後往其他相關的產品跟整個產業的位置去移動。所以郭臺銘整個產品都有了，工廠製作也有，連他的專利也在他自己的工廠裡面，就是這樣的一個概念。

這個技術跟規模門檻這麼高，我們持續地在精進，我們也正在投資電影，所以現在電影我們也投資了10%，我們從共同投資，未來慢慢地因爲我們跟國際團隊合作，認識國際上最好的人才，最好的導演，最好的資金，最好的平臺，所以我們參與合作的時候，有機會我們會一同參與IP的分享，我們經營IP的方式是這樣，而不是像臺灣人一股腦地，什麼都要自己來，未來，我們把市場規模做起來之後，甚至可能成爲他們的老闆，由製作公司來做，由我出錢投資拍片。我連通路跟資金都認識了，我來物色好的導演跟有潛力的新銳導演來投資，甚至未來連平臺通路我們都會自己做，是這樣的概念。

臺灣主要是沒有市場，以中國來說，你可以把東西做得很棒，其他人東西做得很爛，爲什麼可以賣那麼多錢？因爲很簡單，中國把迪士尼的東西封起來，宮騎駿的東西封起來不讓你進來，我就規定我國內的電視臺每天6點到7點或8點黃金時段就給我播放國內的動畫電影或動畫影集。等到我裡面的團隊像小米、阿里巴巴都揚起來之後，我再開放跟你的亞馬遜對打，因爲這就是以自己的龐大內需市場來當一個基礎點。

要不斷地去提升自己的價値和創造自己的優勢，以公司或一個團隊來講，它的競爭是在全世界；以個人來講，這是一個全世界的市場，公司對不起你或者你的成就超越了公司能夠給你的回饋，你也會放棄這個公司，到天涯海角的美國到歐洲甚至到日本去工作，去尋找你夢想的那個環境跟條件工作，因爲這個產業是世界型的產業，全世界的公司任何語言都有，但是用的軟體是一樣的，做的工作也是相同的，所以不應該再說老闆壓榨你。爲何要在一個公司被壓榨？爲何沒有辦法離開？回頭應該是要的，不適合的公司就應該要放棄離開，不用在那邊批評或跟他作對，它有它的路要走，你有你的路要走。可是到一個地方，就應該好好專注及專心的在那邊發展。年輕人不要什麼事情都說辦不到、不可能，什麼東西都要合理，跟你的同事講合理、跟你的公司講合理，可是你的公司離開了臺灣跟其他公司競爭的時候，這些公司是不會跟你講合理的，就算這些公司跟你講合理。韓國、中國、泰國、印度它會跟臺灣講合理嗎？這個世界就是一個競爭的世界，所有的產業、所有的工作都是競爭，而工作就是殘酷的。

人生本來就有一個幸福的家庭，有自己的人生，但你必須面對嚴肅的課題，就是工作上的挑戰，這是非常殘酷也非常有挑戰性的，除此之外，你也必須去面對挑戰的一個環境，當你做到了，你就突破也成長了，回饋給你的是一個非常踏實、非常滿足的喜悅，那種滿足絕對勝過你去pub跳舞、喝酒或荒廢時間得到的快感還要滿足很多。再來因爲你的付出是不容易、是辛苦的，而且是面對壓力的，從中得到的回饋讓你更有力量，足以支撐你對家人、朋友或周遭需要幫助的人，你便有更多的能力去幫助他們，當家人需要你的時候，你才能給他們依靠，這是非常現實的。

我很怕聽到年輕人說動畫或是什麼工作是他夢寐以求，是他的夢想，這是非常可怕的，因爲再大的興趣一旦變成你的工作時，都會變得非常殘酷，當它變成非常的殘酷且讓你發現時，這種夢想跟興趣在你心目中會變成什麼形象？這是現在年輕人很大的問題，所以當作興趣是可以的。但是工作是嚴肅且殘酷的，甚至工作的地方就像是一個戰場，當然身爲一個公司也不是說無限上綱，公司應該也要在勞基法或合理的範圍內給員工一個正常的條件或環境。可是身爲一個員工，應該要去突破、去創造價值與創造標準，如果你只是一味地讓別人告訴你這個標準在哪裡？這個東西的標準時間爲何？讓你照著做，這樣的話，我們應該任何人都可以算出來這個價值是多少吧！而這個標準的締造者，它的價值就是無限的，因爲這個標準、這個制度就是由他制定的，大家都必須依循它。所以說臺灣這個社會就像大學聯考一樣，我覺得大學聯考非常公平，在我們這一代考不上大學、不適合念書就去當黑手，黑手一樣可以成爲達人，練就了一身的技術本事，有人當藍領，有人當白領，這樣的社會才是健康的！可是我們想讓每個人都有大學念，所以成立了一堆大學，現在大學反而是一間一間的關門，幾乎收不到學生，現在的學生若是大學畢業，你都要問他是哪一間大學？你覺得這樣公平嗎？他多浪費了四年的時間！他終究得面對自己的人生，所以世界上應該是要被分級的，專長上也要被分類。像我們以前不會念書，就去畫畫，出路也不見得比別人差，早一點發現自己的專長，不適合念書，偏要他去做研究，這才是最可怕而且最殘忍的事情，所以這是一個態度的問題。

當然現在年輕人資訊發達，網路上的教學、Paper也非常多，對這個產業有興趣，就可在網路上搜尋一些資料、教學然後自己去研究。如果有需要，我覺得產學合作非常地重要，才會有機會去看到公司的運作，去聽聽業界人士不同階層的人對工作的看法，去聽聽主管甚至老闆的一些視野跟一些國際的看法，讓你更有方向學習一些實務的經驗。這個部分可以提供給對這行業有興趣的人一個參考。

我也建議，不管哪個行業，多聽一些成功者分享經驗，而不要去聽一些失敗者的滿腹牢騷，這些東西一點養分都沒有，只有抱怨而已。爲什麼一件事情有人成功呢？如果有機會聽到這些人的話，才對自己最有幫助。我們應該都有機會遇到這兩種人，要能判斷是屬於哪種聲音，兩種聲音都需要聽，失敗的例子我們要引以為戒，但不能當作一個標準，否則那就是沒有智慧且沒有判斷力。

首先，針對越後面的學校，幾乎每一所都有動畫相關的科系，不過我們去分析這些學生的就業率，卻一間比一間低，有人去賣雞排、有人去賣滷味、有的人去做銷售員、有的人去賣房子，那為什麼他們還要念這四年的書呢？這就是社會資源的浪費，當然這裡面最大的幾個關鍵，身為一個公司的經營者，也有責任把這個產業界的成績做得更出色，讓社會、國家，讓年輕人甚至他們的父母親有信心在這裡找到夢想，願意去突破，這也是我們應該要做的。如果這個產業傳出去的風聲都是一些血汗工廠、沒日沒夜或者低薪壓榨，當然我們就可以理解學校畢業生為何沒人願意去投入，而學校的部分跟教育單位不知哪來的資訊跟信心讓他們成立了這麼多的科系，或是非得一定要讀這些科系，幾乎每一所都有，尤其是後段的私立學校，在完全不考慮供需的情況之下，增設這麼多科系的時候，就算產業真的有好的機會，也吞不下這麼多人，這也是一種資源的浪費。

除了設立這麼多科系以外，再來就是環境，這是學校跟業界的落差，最大的差別還是因為業師的關係，全世界都是一樣的問題。只是每個地方嚴重的程度不一，畢竟這是一個非常專業、高技術性的行業，老師儘管讀到博士，但從未在業界工作過，都是屬於理論派的。當然我們也無法指望或期待這些老師在實務方面都能跟業界的技術一致，這是不可能的，我強調這是全世界都一樣存在的問題。既然了解這個問題，我們補救的方式就是產學合作、業師的補救跟銜接的部分，由學校老師教導概論性及理論性和技術基礎，引導學生往正確的方向去學習，建立正確的價值觀，後段再由業界進一步引導往更專業的技術方面去發展及提升。所以這是臺灣目前的問題，不過好的方面是，不管產官學，近來教育部、經濟部、文化部都開始正視這個問題，也都如火如荼地大力規畫、鼓吹或者支持。我擔心的是，這個缺口打不開，就像一個非常筆直寬敞的高速公路上，開著高速行駛的車子，流量非常的高，可是你卻在這個缺口變成一個單行道，那麼這條高速公路也廢掉算了。現在很大的問題是臺灣的公司太少了，就算我們把這些問題都解決了，也沒有這麼多的公司收納這樣眾多的學生，這才是臺灣最大的課題，沒有通盤的規畫，也沒有同步去做相對應的規畫，到底現在有多少公司去收納學生，爲什麼還要增設這麼多的科系呢？增設之後，我們是不是應該要讓這些公司加快地去扶植，讓更多公司產生或讓原本公司做得更好，有更多的需求來尋找國際接單與國際合作，介紹國際人脈，去做國際上的各種生意媒合，讓這個缺口打開，使整個動能可以活絡起來、動起來，形成一個健康供需的市場需求，這樣才是全方位且能朝正確的方向來發展。

第二節　概觀國外動畫產業發展之趨勢

——朕宏國際實業有限公司／陳寶宏 董事長

根據美國專業的市場研究公司報告，2013年全球動畫產業的規模約爲6兆8千8百億新臺幣，世界各國的動畫產業領域平均增長7%，預估一直到2016年將會成長12.94%，當然主要的市場驅動力一定是政府的措施，然而科技的進步亦是伴隨政策性發展驅動力之一。在亞洲，整個中國市場因爲人口多、市場大，所以也在新興的經濟市場中扮演著舉足輕重的地位，龐大的市場內需與近年來引入資本主義在市場經濟的概念上產生巨大的衝擊，代工市場轉移到中國大陸、韓國、印度、越南、菲律賓等東南亞國家，相對的說明很多動畫外包製作不斷的挪移到亞洲勞力密集的代工市場，同時也帶動東南亞國家導入動畫製作技術與應用成熟發展的影響，對於日益增長的北美與歐洲的電影及電視節目製作市場，從兒童節目已經發展到成人市場，由於技術成熟發展與進步神速的科技、網際網路的推波助瀾，造成娛樂多媒體的動畫市場需求大增，智慧型電視與網路影音需求量也隨著Smart TV、平板電腦、智慧型手機發展而延伸更多的應用領域，更甚者動畫產業的發展已經不僅限於電影電視、網際網路與移動平臺，像是公共場所的裝置藝術、大型音樂秀場視覺表演、互動新媒體的結合、高品質的遊戲動畫與建築、室內設計、工業設計等設計產業的視覺化模擬動畫需求同樣日益增長，全球動畫市場一致追求製作速度的提升與更高品質的畫面效果，同樣隨著動畫製作的軟硬體科技的進步而成長。

主要的動漫市場包括美國、加拿大、日本、中國、法國、英國和德國，跟其他的產業一樣都受到經濟景氣與不斷求新求變的IT產業巨大的影響，同樣的這些IT產業因爲網際網路的雲端發展趨勢，整個產業的變化有很大的轉變，銷售的垂直供應鏈面對嚴峻的考驗，因此設計產業像是動畫這一類型的公司對於人才的需求、資金的運用、市場行銷與業務走向的變化來說，許多大型的跨國動畫工作室在商業策略上都是朝向跨國合作、資源整合路線，雲端的發展也讓許多動畫公司在組織編制上不再只是像傳統一間公司養所有的技術人員，而是愈來愈多選擇把生產線化整爲零，改變爲跨區域的專業分工，將腳本編劇、故事企畫與原創設計加上少數重要的不同專業技術人員編組而成一支前置創作與技術研發的團隊，然後把大量的勞力密集代工往中國或是其他東南亞國家轉移，所以在動畫工作室的發展趨勢愈來愈國際化，只有國際化才能找到發展的資源，整合不同國家的人員，而分散投資風險與精簡成本、反應市場地域性的人才運用與更重視成員創造力優勢正是每個國家在動漫產業的未來走向。

想要了解世界的動畫趨勢如何發展，或許我們應該先了解整個世界的動畫科技發展，因爲動畫軟硬體技術的成熟邁進是另一項刺激動漫市場成長的主要原因，從動畫的製作流程來看，基本的3D建模技術已經從多邊形建模、Sub-D技術，發展到可以自由手繪超高面數的數位雕塑技術，例如ZBrush這樣的軟體，透過觸控的液晶螢幕數位感壓輸入裝置，像是WCOM Cintiq這種輸入裝置，只要經過訓練就可以輕鬆的如同紙上作畫一般進行手繪方式建模，加上不需要拆UV貼圖就可以直接彩繪數位雕塑的3D模型貼圖與材質，甚至可以加上粒子噴槍彩繪3D數位模型，就像是在眞實世界潑灑在物體上的油漆般會自動流散在3D模型表面一樣的容易，甚至方便修改自動在物體表面產生不同材質流體的效果，例如 Substance Painter這類軟體，許多世界各地的傳統藝術家或是藝術學校的學生可以更低門檻直接跨進數位3D雕塑與彩繪貼圖質感的領域，這大大的降低了在大型動畫或實拍合成電影上製作栩栩如生、高精細度數位角色創作的門檻，許多學習傳統繪畫技能的手繪藝術家，因此得以將他們的創意延伸到數位3D模型的角色動畫領域，在3D材質與質感的創造上將更趨於直覺的藝術創造，未來對於建模這個在動畫創作基礎上的一個流程，科技所能提供的將是非常的直覺，你可以想像透過裸視3D螢幕的技術，像是使用Liquid3D裸視3D螢幕，就可以不需要穿戴特別的3D立體眼鏡，經由透過眼球追蹤技術，輕鬆的看到立體的3D建模影像，現在我們是透過感壓筆這種裝置，已經可以很自由的建造3D模型，未來則可以透過雙手直接在立體螢幕前雕塑3D數位模型，像是Leap Motion現在就可以實現這樣的技術，只是目前還比較粗糙，但是將來一定會更加的方便創作。

對於動畫創作中最終的算圖影像，在光跡追蹤的物理計算已經面向更多GPU疊加運算或是CPU/GPU混合運算，所以可以更即時反應非常擬眞的光學物理計算結果，這個技術將會大大的影響動畫的產量與產出的速度，像是NVIDIA Mental Images的iRay或是Chaos Group的V-Ray RT，或是Octane等都已經可以達到這樣的技術，而像是透過遊戲引擎技術所提供的最終即時算圖，如Lumion這樣的軟體便可以即時的透過GPU演算擬眞或是NPR非擬眞的即時影像，像是套上Photoshop 濾鏡一般的效果產生不同效果的動畫，並且可以動態的調整鏡頭焦距的效果。至於角色動作捕捉的技術，也可以透過一般的攝影機或是像Kinetic的裝置透過軟體來達成一般的快速動作、捕捉動作或是臉部的表情，像是Faceshift：Markerless Motion Capture這樣的技術則會縮短角色臉部動畫的製作流程。GPU的發展並不只限於最終畫面的計算，由於後製合成與3D整合的技術日漸成熟，像是NUKE、Clarisse iFX這類軟體，是標榜整合2D/3D集成的工具，可以大幅的縮短製程，並且透過GPU的加速，將效果的呈現更直覺與快速的回饋給創作者，即時擬眞採現、所見即所得的操作介面與大量粒子運算的動態流體與碰撞、破碎等特效的計算，這些技術的成熟都將會帶給動畫市場更大的發展，創作者將不再受限於工具，而是能更專注在創作與創意的表現上，也因爲技術的普及將會降低使用者的門檻，這對每個國家的動漫市場發展趨勢將會是走向創意不斷釋出的未來，因此可以預期將會帶動更多的原創視覺藝術、概念設計、腳本編劇、攝影鏡頭語言與影像剪輯的發展，另外在視覺化的應用市場將會擴大，裝置藝術、互動新媒體與大型視覺表演的應用將會有更蓬勃的發展，這些都是可以預見的未來！

科技是人類心靈層面的延伸，因爲人類的渴望所以造就科技的進步日行千里，但是創造軟硬體科技的是一群工程師，而執行這些工具的則是具有更豐富心靈層次的藝術家，在感性與理性的結合中才能有精采的產出，我覺得未來如何可以創造出更讓藝術家易於使用的科技才是動畫發展勝負的關鍵，日本動畫大師宮崎駿堅持手繪產出動畫，所引領的爲世界衆所喜好的宮崎駿動畫風潮，隨著時間的轉移，吉卜力工作室也面臨領袖人才年邁與運用3D科技不足的困境，與其說運用3D科技不足導致人工生產成本居高不下，倒不如說要眞的創造出這群藝術家可以隨心所欲的工具軟硬體依然是將來最大的挑戰，不過隨著新一代的人才產出，這個問題或許也不再會是太大的重點。日本動畫很多是依賴中國、韓國、菲律賓等承包，近來對臺灣動畫市場的人才與技術也特別感興趣，許多大型專案也都陸續承包到臺灣，許多日本的動畫或遊戲廠商也都進駐臺灣開設分公司或是代工公司，甚至是參與原創的技術研發公司，或許這也是臺灣動畫產業走向更國際化、更專業技術代工以及參與國際大型專案原創設計的機會與可以寄望的未來。

參考文獻

中文部分

1. 楊錫彬：《鏡位取向在3D動畫電影之表現性》。中國文化大學第二屆二十一世紀的廣告行銷策略與創意設計發展研討會，2009。
2. 吳佩芬：《3D動畫中美式卡通角色運動視覺語言之時間元素架構——以分析「玩具總動員」動畫電影爲例》。國立臺灣藝術大學多媒體動畫藝術研究所碩士論文，2004。
3. Louis Giannetti：《認識電影》（焦雄屏譯）。遠流出版社，2010。
4. 戴醒凡：〈動畫趨勢與科技應用藝術教育之重點〉。《資訊與教育》，第73期，1999。
5. 陳正才：〈概觀新媒體藝術〉。《工業設計》，第104期，2001。
6. 陳素麗：〈動畫間距的藝術〉。《電影欣賞》，第92期，1998。
7. 張恬君：〈電腦繪圖與電腦動畫的美感與創意〉。《資訊與教育》，第57期，1997。
8. Michael O'Rourke：《3D電腦動畫學習方法》（戴嘉明譯）。北星出版社，2000。
9. 馬斯賽里、羅學濂：《電影語言》。志文出版社，2000。
10. 邱誌勇：《媒體科技遞嬗下的當代視覺藝術》。文鶴出版社，2009。
11. 嚴貞、吳佩芬、方國定：〈故事結構與運鏡設計於電腦動畫之關聯研究〉。《科技學刊》第17卷，人文社會類第2期，2008。
12. 林珮淳、李宗仁：《3D電腦動畫之美術設計探討與創作》。國立臺灣藝術大學多媒體動畫藝術研究所碩士論文，2004。
13. 林珮淳、鄧建誠：《「人禍」：電影語言於3D電腦動畫之探討與創作》。國立臺灣藝術大學多媒體動畫藝術研究所碩士論文，2004。
14. 鐘世凱、黃士銘：〈3D電腦動畫卡通人物表情設計創作研究〉。《龍華學報》，第27期，2002。
15. 鐘世凱、張宇晴：〈3D動畫影片分鏡——好萊塢成功商業3D動畫長片研究〉。《高雄師大學報》，第27期，2002。
16. 林珮淳、陳啓耀：〈3D電腦動畫技術、視覺語言與特質之探討〉。《藝術學報》，第72期，2003。
17. 《映CG》。第16期，www.incgsolution.com。
18. 楊錫彬：《社會議題——3D電腦動畫創作研究報告書》。中國文化大學華岡出版部，2013。
19. 喬儀蓁：《閱讀電影影像》。積木文化，2010。

20.孫立軍：《影視動畫鏡頭畫面設計》。北京:海洋出版社，2008。

21.井迎兆：《電影剪接美學》。三民書局，2006。

22.廖憶蒼：《影視攝影與構圖》。五南出版社，2005。

23.林群偉：〈3D動畫影片分鏡研究——以「神隱少女」與「史瑞克」兩部動畫電影爲例〉。《藝術學報》，第73期，2003。

24.產業研究報告數據引用出處：http://www.researchandmarkets.com/

25.www.facebook.com/incg4fun映CG粉絲團

英文部份

1. Michael Friendly (2008). "Milestones in the history of thematic cartography, statistical graphics, and data visualization".
2. Rick Parent: Computer Animation: Algorithms and Techniques. Morgan Kaufmann, Amsterdam 2008.
3. Bruce H. McCormick, Thomas A. DeFanti and Maxine D. Brown (eds.) (1987). Visualization in Scientific Computing.
4. Thomas A. DeFanti and Maxine D. Brown (1994). "Foreword" in: Frontiers of Scientific Visualization. Clifford A. Pickover (ed.) New York: John Willey Inc. Dr. Christopher R. Johnson (2005). "Top Scientific Visualization Research Problems".
5. Dr. Christopher R. Johnson (2005). "Top Scientific Visualization Research Problems".
6. K. W. Brodlie (1992). Scientific Visualization: Techniques and Applications.
7. "Surface wave". Telecom Glossary 2000, ATIS Committee T1A1, Performance and Signal Processing.
8. M. Chamberland, V. Farley, A. Vallieres, L. Belhumeur, A. Villemaire, J. Giroux et J. Legault, High-Performance Field-Portable Imaging Radiometric Spectrometer Technology For Hyperspectral imaging Applications, Proc. SPIE 5994, 59940N, September 2005.
9. H. S. M. Coxeter, Regular Polytopes, 3rd. ed., Dover Publications, 1973.
10. S. Hartmann, The World as a Process: Simulations in the Natural and Social Sciences, in: R. Hegselmann et al. (eds.), Modelling and Simulation in the Social Sciences from the Philosophy of Science Point of View, Theory and Decision Library. Dordrecht: Kluwer 1996, 77-100.
11. S. G. Eick (1994). "Graphically displaying text". In: Journal of Computational and Graphical Statistics, vol 3, pp. 127-142.

12.James J. Thomas and Kristin A. Cook (Ed.) (2005). Illuminating the Path: The R&D Agenda for Visual Analytics. National Visualization and Analytics Center. p.30

13.Glassner (1995). Principles Of Digital Image Synthesis. Morgan Kaufmann.

14.Wylie, C, Romney, G W, Evans, D C, and Erdahl, A, "Halftone Perspective Drawings by Computer," Proc. AFIPS FJCC 1967, Vol. 31, 49.

15.Bouknight W. J, "An Improved Procedure for Generation of Half-tone Computer Graphics Representation," UI, Coordinated Science Laboratory, Sept 1969.

16.David F. Rogers: Procedural Elements for Computer Graphics. WCB/McGraw-Hill, Boston 1998.

17.Roth, Scott D., Ray Casting for Modeling Solids, Computer Graphics and Image Processing. February 1982.

18."Modeling the interaction of light between diffuse surfaces", C. Goral, K. E. Torrance, D. P. Greenberg and B. Battaile, Computer Graphics, Vol. 18, No. 3.

19.Pharr, Matt and Humphreys, Greg (2004). Physically Based Rendering: From Theory to Implementation. Morgan Kaufmann.

20.Stewart J. (1999), "Fast Horizon Computation at All Points of a Terrain With Visibility and Shading Applications".

21.Les Piegl & Wayne Tiller: The NURBS Book, Springer-Verlag 1995-1997 (2nd ed). The main reference for Bezier, B-Spline and NURBS; chapters on mathematical representation and construction of curves and surfaces, interpolation, shape modification, programming concepts.

22.Lyle Ramshaw. Blossoming: A connect-the-dots approach to splines, Research Report 19, Compaq Systems Research Center, Palo Alto, CA, June 1987.

23.David F. Roger: An Introduction to NURBS with Historical Perspective, Morgan Kaufmann Publishers 2001. Good elementary book for NURBS and related issues.

24.Glassner, Andrew (Ed.) (1989).光線跟蹤入門. Academic Press.

25.Shirley, Peter and Morley Keith, R. (2001) Realistic Ray Tracing,2nd edition. A.K. Peters.

26.Pharr, Matt and Humphreys, Greg (2004). Physically Based Rendering: From Theory to Implementation. Morgan Kaufmann.

國家圖書館出版品預行編目資料

3D電腦動畫理論／楊錫彬著. ——初版.——
臺北市：五南, 2015.06
面； 公分
ISBN 978-957-11-7773-1（平裝）
1.電腦動畫
312.8 104002024

1Y48

3D電腦動畫理論

作　者— 楊錫彬 著
發 行 人— 楊榮川
總 編 輯— 王翠華
主　編— 陳姿穎
責任編輯— 邱紫綾
封面設計— 童安安
出 版 者— 五南圖書出版股份有限公司
地　址：106台北市大安區和平東路二段339號4樓
電　話：(02)2705-5066　傳　真：(02)2706-6100
網　址：http://www.wunan.com.tw
電子郵件：wunan@wunan.com.tw
劃撥帳號：01068953
戶　名：五南圖書出版股份有限公司

台中市駐區辦公室/台中市中區中山路6號
電　話：(04)2223-0891　傳　真：(04)2223-3549
高雄市駐區辦公室/高雄市新興區中山一路290號
電　話：(07)2358-702　傳　真：(07)2350-236

法律顧問　林勝安律師事務所　林勝安律師

出版日期　2015年 6 月初版一刷
定　價　新臺幣300元